「健全な水循環」に関するロゴマークについて

　「水の日」記念行事の「水を考えるつどい」（平成27年8月1日開催）において、「健全な水循環」に関するロゴマークの発表が行われた。
●応募総数1,457作品の中から審査の結果、最優秀賞1編、優秀賞4編が決定
●主催：内閣官房水循環政策本部事務局、水の週間実行委員会

ロゴマークに込めた作者の想い
「永遠の循環を表す無限（∞）のマークと、雫のフォルム、そして水に対する親しみと身近さを表す笑顔を組み合わせました。」

目　次

※本書に記載した地図は、我が国の領土を網羅的に記したものではない。

特集

一人一人の生活と
健全な水循環の結び付き

特集　一人一人の生活と健全な水循環の結び付き

（はじめに）

　私たちは古くから、飲用水等の生活用水、工業用水、農業用水等、様々な形で水資源を利用するとともに、川や水辺の美しい景観やレクリエーション、水辺をいかしたまちづくり等、多くの恩恵を水から受けてきた。令和6年能登半島地震においても、飲用水にとどまらず、生活用水の確保の重要性が改めて認識された。暮らしに欠かせない水であるが、地球上に存在する水は、海水や河川の水として常に同じ場所にとどまっているのではない。太陽のエネルギーによって、海水や地表面の水が蒸発し、上空で雲になり、やがて雨や雪になって地表面に降り、それが次第に集まり川となり、あるいは地下を流れて、海に至るというように、絶えず水は循環しており、この一連の過程が「水循環」と呼ばれている。「水循環基本法（平成26年法律第16号）」では、人の活動及び環境保全に果たす水の機能が適切に保たれた状態での水循環を「健全な水循環」と定義し、この健全な水循環を維持し、又は回復するための施策を包括的に推進していくことが、水のもたらす恵沢を将来にわたり享受するために不可欠としている。

　我が国では安心して水が飲める暮らし[1]やいつでも豊富に水を使える生活が当たり前[2]になっており、生活用水に係る上下水道は国民生活に最も身近な存在でありながら、水循環として上下水道が意識される機会は多くないのではないか。ダムや湖に貯まった水が川を流れ、浄水場、ポンプ場、配水管等を通って各家庭まで届けられ、さらに、使われた水が下水道管を通って下水処理場に送られ、再びきれいな水が川に戻るといったように、水が様々な施設を通り豊かな生活が営まれている。私たち一人一人が日々の生活における水との関わりを水循環の一部として意識することが、水資源の重要性を再認識し、将来にわたって健全な水循環を維持することにつながる。

　令和6年度に、水道行政が厚生労働省から国土交通省及び環境省へ移管されることとなった。長らく厚生労働省[3]が「水道法（昭和32年法律第177号）」等に基づき水道行政を、国土交通省[4]が「下水道法（昭和33年法律第79号）」等に基づき下水道行政を実施してきたところ、今般の水道行政の移管によって、水道行政の一層の機能強化や直面する課題の効果的な解決が期待されている。この機を捉え、本特集では、令和6年能登半島地震での対応も念頭に、健全な水循環における上下水道の役割に焦点を当てることとしたい。

1　国土交通省「令和5年版日本の水資源の現況」によれば、水道水をそのまま飲める国は、日本を含めて世界で11か国しかない。
2　内閣府「水循環に関する世論調査（令和2年10月調査）」において、「水とのかかわりのある豊かな暮らし」とは、「安心して水が飲める暮らし」との回答が最も多かった（88％）。
3, 4　平成13年1月の中央省庁再編以前はそれぞれ厚生省、建設省。

第1節　我が国における上下水道の歴史と街の発展への寄与

下水道の歴史は古く、近代下水道が整備される以前の豊臣秀吉の時代に現在の大阪市において、道路の整備と同時に、町家から排出される下水を排除するための下水溝が建設された。この下水溝は「太閤下水」と呼ばれ、改良されつつ現在も稼働している（**写真特1**）。明治時代になり、東京等の都市に人々が集まるようになると、汚水が原因で伝染病が流行するようになった。そこで、明治17年、日本で初めての近代下水道が東京で作られた。その後、いくつかの都市で下水道が作られたものの、全国的に普及するのは第2次世界大戦後である。

一方、水道については、安土桃山時代から江戸時代にかけて、特に城下町での人口増加に伴い、人工の水路で導水する施設が各所に布設されるようになった（**写真特2**）。明治時代になると、開国によりコレラ等の伝染病が流行し、下水道同様、近代水道の建設が急務となったため、近代化に向けた施策の一環として、明治20年に神奈川県横浜市において日本で初めて近代水道が整備された。その後、長崎県長崎市等の3府5港と称せられた都市を中心に、順次近代水道の布設が進められた。

第2次世界大戦後、産業が急速に発展し、都市への人口の集中が進むと、本格的に上下水道の整備が進められた。特に高度経済成長期には、生活用水、工業用水、農業用水等、急増する水需要に対する供給が追い付かず、渇水が毎年のように発生した（**写真特3**）。そのため、多目的ダムの建設等の必要性が生じ、水資源の総合的な開発による安定的な水利用の確保が図られた（**写真特4**）。

写真 特1	太閤下水

資料）大阪府大阪市

写真 特2	江戸時代の木製水道管

資料）東京都水道歴史館

写真 特3	昭和30年代の渇水

資料）東京都水道歴史館

写真 特4	利根大堰の建設

首都圏の急増する水需要に応えるために建設

資料）独立行政法人水資源機構

　同時に、戦後の産業の発展や人口の増加に伴って、昭和30年頃から、都市部を中心に、工場や家庭等からの排水によって、河川、湖沼や海域等の公共用水域の水質汚濁が拡大し、公害が社会問題となった（**写真特5**）。そのため、地方公共団体では条例制定等の対策が行われ、国においても法的規制が進められた。当初は急速な経済成長により、環境保全の要請に追い付けなかったが、徐々に環境意識が高まり、昭和45年に「下水道法」が改正され、下水道は雨水及び汚水の排除により街の中を清潔にするだけでなく、公共用水域の水質保全という重要な役割を担うようになった。

写真 特5	昭和40年代の工場排水及び生活排水による川の汚れ

資料）東京都

　我が国における上下水道は、明治時代に各地で整備されて以降、その時々の社会のニーズに対応しながら、都市や経済の発展に大きく寄与してきた。先人たちの努力により、現在に至るまで、全国で面的な整備がかなりの水準まで進んでおり[5]、私たちの生活に多くの恵みをもたらしている。現在は、普及促進時代に整備されたインフラが老朽化し、更新が急がれる等の新たな課題も生じている。いずれの時代にあっても、上下水道が生活や社会の諸活動の基盤として、健全な水循環を構成する貴重なインフラであることは変わりなく、引き続き、持続可能なインフラとして維持していくことが私たちの責務である。

5　令和5年3月末の全国の水道普及率は98.3％（厚生労働省調査）、令和5年3月末の全国の汚水処理人口普及率は92.9％（国土交通省調査）。

第2節　現在の上下水道の課題

　第2次世界大戦後、産業の急速な発展とともに全国に整備が進められた上下水道であるが、高度経済成長期から人口減少局面を迎える現在に至り、上下水道事業は多くの困難を抱えている。人口減少による水道料金及び下水道使用料収入の減少、施設の老朽化、地方公共団体職員数の減少といった「ヒト・モノ・カネ」の不足が懸念されているほか、最近は気候変動に伴って頻発する災害や渇水等に備えた水道施設の耐災害性強化に向けた施設整備を推進するとともに、迅速で適切な応急措置及び復旧が行える体制の整備等が必要である。以下では、それぞれの課題を概説する。

（経営に関する課題）

　人口減少は水需要の減少につながるが、給水量が大幅に減少し、水道料金及び下水道使用料収入が減少しても、それに応じて給水に必要なコストを即時に減少させることが難しいため、経営基盤を圧迫する。水道を例にとると、日本の総人口は平成20（2008）年をピークに平成23（2011）年以降は一貫して減少しているが、水道使用量はそれ以前の平成10（1998）年頃をピークに漸減しており、水道の料金収入が減少している（**図表特1**）。背景としては、人口の減少に加えて、家庭内・事業所内の節水機器の浸透（トイレ、洗濯機等）の影響がある。今後も人口の減少が見込まれているため、水需要は減り続けると予測されている。

図表 特1	給水人口と一人当たりの給水量の推移

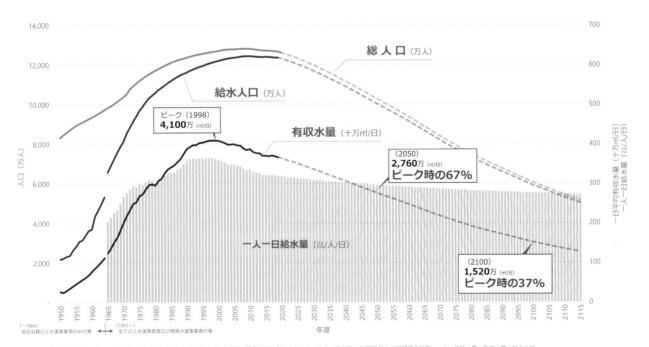

※1）実績値（～2019）：水道統計より。給水人口・有収水量は、上水道及び簡易水道を合わせたものである。総人口のみ2020年まで実績値を記載。一人一日給水量＝有収水量÷給水人口。
※2）総人口（2021～2115）：国立社会保障・人口問題研究所（平成29年推計「日本の将来推計人口（超長期推計含）」より、厚労省水道課事務局にて2020実績人口に差し引き補正。出生率・死亡率ともに中位を採用）
※3）給水人口（2020～2115）：2019年度普及率（97.6％）が今後も継続するものとして、総人口に乗じて算出している。
※4）有収水量（2020～2115）：家庭用と家庭用以外に分類。家庭用有収水量＝家庭用原単位×給水人口。家庭用以外有収水量は、今後の景気の動向や地下水利用専用水道等の動向を把握することが困難であるため、家庭用有収水量の推移に準じて推移するものと考え、家庭用有収水量の比率（0.310）で設定した。本推計値は2015実績を元に2017年度に実施した推計有収水量の結果を最新の2019年度時点で差し引き補正して採用。

資料）厚生労働省

　上下水道は、水道事業、下水道事業として、大半が公営で行われており、原則として水道料金、下水道使用料収入で必要な費用を賄う独立採算の原則の下に運営されている。地方公共団体が水道料金、下水道使用料を徴収するためには、議会の議決を経て、水道料金、下水道使用料について条例で定める必要があり、施設の維持管理や計画的な更新等に必要な相応の財源確保が必要であることについて、住民の理解を得る必要がある。令和4年2月のロシアによるウクライナ侵攻以降、円安傾向もあいまって、国際的な原油価格や原材料価格の上昇等により、水道事業及び下水道事業の運営コストとなる電力・薬品代が高騰し、事業の経営にも影響を及ぼしている。経営環境は徐々に厳しさを増しており、経営基盤の強化が求められる。

（組織・人材に関する課題）

　人口減少は上下水道事業を支える職員数の減少にもつながっている。昭和の大量採用世代の退職、コスト削減を目的とした公務員の組織定員削減等により、上下水道事業を支える職員数が減っており、執行体制の脆弱化が課題となっている（**図表特2、3**）。地方公共団体によっては、上下水道事業担当が1人しかいない事業体もあり、施設の維持管理が困難となり、漏水等の事故が増加する等、上下水道サービスの低下が懸念される。今後更に人材不足が深刻化し、技術の継承ができない場合は、上下水道事業が提供できなくなる可能性もある。

図表 特2	水道部門の職員数の推移

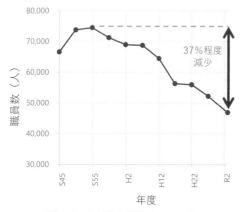

出典：令和3年度水道統計　※嘱託職員を除く。

資料）厚生労働省

図表 特3	下水道部門の職員数の推移

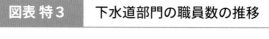
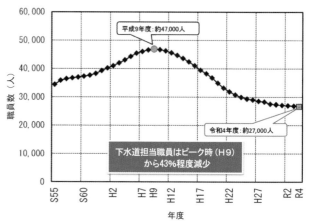

資料）総務省

（施設に関する課題）

　高度経済成長期の普及促進時代に整備された上下水道施設の老朽化が進行している。特に戦前から上下水道事業を開始している都市では、100年を超過する配管等の施設も存在しており、更新の必要性が高まっている。古くなった導水管等の基幹管路が損傷すると、断水や漏水が発生し、水道が使えない、トイレ・洗濯機が使えない等、市民生活に影響が生じる。さらに、耐災害性が低いために、大規模な災害発生時に断水が長期化するリスクに直面しており、大規模な施設更新及び耐震化が急がれている。

　実際、令和3年には経年劣化による腐食等が要因で和歌山県和歌山市の水管橋が崩落し、市の人口の3分の1に当たる約6万世帯が1週間にわたって断水した（**写真特6**）。令和4年には、静岡県静岡市で台風の影響により、水源である河川の取水口が流木で塞がれる等により、約6万世帯で大規模な断水が

写真 特6　水管橋の崩落

資料）国土交通省

写真 特7　台風による取水施設の被害

資料）厚生労働省

発生した（**写真特7**）。令和6年1月に発生した令和6年能登半島地震においても、最大約13万6,440戸に及ぶ広範囲かつ長期に断水が発生し、政府等の給水車派遣による応急給水の活動が継続的に実施された。下水道施設についても、下水処理場やポンプ場等が一時的に機能停止する等、ライフラインに大きな影響を及ぼした（**写真特8**）。こうした事態を発生させないためにも早急な対策が必要である。

　しかしながら、厳しい経営状況及び執行体制の脆弱化に直面している現状では、施設更新費用及び担当職員が確保できず、耐用年数を超過する施設の割合は全国で増加傾向にある（**図表特4、5**）。上下水道事業は主に市町村で経営されており、特に小規模の事業体において深刻化している。

　また、上下水道事業者側の「ヒト・モノ・カネ」に関する課題のみならず、工事の担い手不足、さらには幹線道路下等における工事は難度が高いことも、施設更新が進まない要因である。

写真 特8　令和6年能登半島地震における上下水道の被害及び対応

下水道マンホールの損傷

資料）国土交通省

応急給水活動

資料）東京都

水道管復旧工事

資料）神奈川県横浜市

図表 特4	水道管路経年化率※の推移

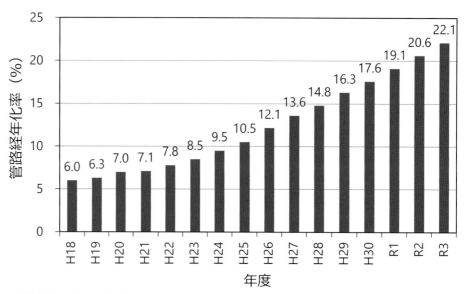

※全管路延長に占める法定耐用年数（地方公営企業法施行規則（昭和27年総理府令第73号）で定められた40年）を超えた延長の割合

資料）厚生労働省

図表 特5	下水管路の布設年度別管理延長

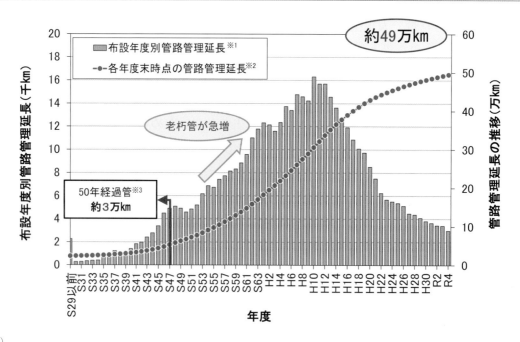

（注釈）
※1　布設年度別管路管理延長は、雨水開きょの延長（約0.8万km）及び布設年度が不明の管路管理延長（約1.3万km）を含んでいない。
※2　各年度末時点の管路管理延長は、雨水開きょの延長（約0.8万km）及び布設年度が不明の管路管理延長（約1.3万km）に当該年度までの各年度の布設年度別管路管理延長を加算した延長である。
※3　50年経過管の延長は、雨水開きょの延長（約0.8万km）及び布設年度が不明の管路管理延長（約1.3万km）を含んでいない。

資料）国土交通省

（気候変動に関する課題）

　近年、気候変動の影響により、今まで経験したことのない大雨や洪水等の異常気象が確認される等、都市部の水害発生リスクが高まっている（**写真特9**）。下水道事業は雨水排除も目的とされており、貯留施設の設置等が進んでいる（**写真特10**）。今後も気候変動の影響が深刻化し、災害リスクが増大するほか、地球上の利用可能な水量の減少や水質悪化も懸念されており、循環資源である水を利用・処理する上下水道に大きな影響を及ぼすと想定される。一方、流域治水の観点からは、河川の整備、既存ダムの事前放流等の対応が行われている。引き続き、気候変動という地球規模の課題を前に、健全な水循環の観点からも長期的視点に立って対策を進める必要がある。

写真 特9	令和元年大雨による内水被害

資料）国土交通省

写真 特10	雨水調整池の内部

資料）福岡県福岡市

　以上のとおり、上下水道事業を取り巻く状況が変化する中で、各事業は、厳しい経営状況、執行体制の脆弱化、人材不足、老朽化施設の増加、災害リスクの増大等、数多くの課題に直面している。効率的で将来にわたって持続可能な事業運営を実現し、健全な水循環の重要な一部として人々の生活や社会を支えるため、課題解決に向けて着実に対応していく必要がある。

第3節　今後の上下水道の展望

　上下水道事業は「ヒト・モノ・カネ」に関する課題がある中、効率的で将来にわたって持続可能な事業運営を実現するため、あらゆる関係者が協力し、課題解決に向けた取組が行われている。

（老朽施設への対策（アセットマネジメント））

　施設の老朽化が進行している状況を踏まえ、計画的な資産管理を行い、更新の需要を適切に把握した上で、必要な財源を確保し、水道施設の更新を計画的に行う必要がある。アセットマネジメントは上下水道施設を資産と捉え、施設状態を的確に把握し、将来にわたって事業の経営を安定的に継続するための、長期的視野に立った計画的な資産管理手法である。今後必要となる更新費用と投資可能額を比較し、更新費用が投資可能額を上回る場合には、更新の前倒しや使用延長等により更新費用を平準化し、さらに、料金改定等による財源確保や施設の統廃合、ダウンサイジング等による更新費用の削減を行うことで、健全な水道事業を持続することが重要である（**図表特6**）。

　政府では上下水道事業者向けにアセットマネジメントに関する手引を作成する等、取組を推進している。現状では、効率的な資産管理に先進的に取り組む事業者がいる一方、体系立てて着手できていない事業者もいる[6]。引き続き、上下水道両分野において、アセットマネジメントの実施率の引上げ及び精度向上を図ることが求められている。

図表 特6	アセットマネジメントの考え方

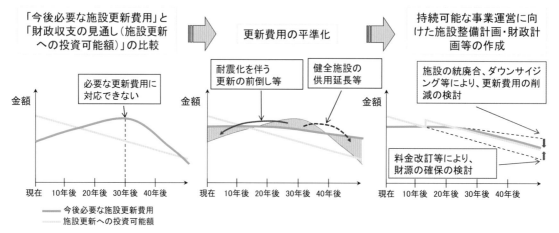

資料）厚生労働省

6　水道については、令和4年3月末時点で、1,393事業者のうち、1,248事業者（89.6％）がアセットマネジメント計画策定済み。下水道については、令和3年3月末時点で、1,575事業者のうち、1,317事業者（83.6％）がストックマネジメント計画策定済み。
　※アセットマネジメントを構成する主たるものがストックマネジメント（モノのマネジメント）であり、ストックマネジメントのほかに、資金（カネ）のマネジメントと人材（ヒト）のマネジメントを加えたものがアセットマネジメントである。

（技術開発）

　上下水道施設の点検・維持管理は人の手に大きく依存しているが、職員数の減少等の課題に直面する中、最近は無人航空機（ドローン）による配水池の点検、AIを活用した漏水調査や下水処理場の運転管理等、先端技術の活用による業務の効率化・高度化が図られている（**写真特11**）。さらに、リアルタイムな情報収集・解析と併せて、ビッグデータの活用により、アセットマネジメントの精度向上や更なるイノベーションによる付加価値の創出が見込まれている（**図表特7**）。

　また、下水道においては、下水汚泥資源の肥料利用を促進する技術開発が進められており、循環型社会への貢献が期待されている。我が国の農業に使用される化学肥料の原料のほとんどは海外からの輸入に頼っており、昨今の国際情勢を踏まえ、肥料原料の輸入価格が上昇傾向にある中、肥料の国産化に向けて、下水汚泥資源の活用が注目を集めている。下水汚泥の多くがこれまで焼却されており、現在の下水汚泥の肥料利用は約1割にとどまっているところ、政府は下水汚泥資源の肥料利用の大幅な拡大に向けて、安全性・品質の確保、農業者・消費者の理解促進を図りながら、取組を進めている（**写真特12**）。

写真 特11　AI等の新技術を活用した管理

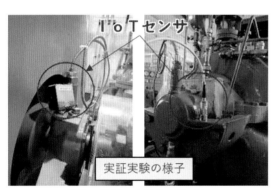

実証実験の様子

設備の故障・劣化を自動感知

AIを活用した下水処理場運転操作

無人航空機（ドローン）による管理

AI管路劣化診断

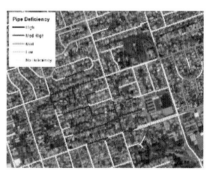

人工衛星データを用いた漏水検知システム

資料）厚生労働省、国土交通省

図表 特7	広域的な水道施設の整備と併せて、IoT等の活用による事業効率化の事例

事業例1：広域化に伴う水道施設の整備と併せて、各種センサやスマートメータを導入する場合
（将来的に監視制御設備にて得られた情報を分析・解析することを基本とする。）

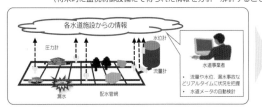

事業例2：広域化に伴い、複数の監視制御システムを統合し、得られた情報を
配水需要予測、施設統廃合の検討、台帳整備等の革新的な技術にいかす場合

効率化

ビッグデータや
AIの活用

効率化

活用次第で様々な
事業展開が可能

付加効果
イノベーション

【事業例1】

活用例① 高度な配水運用計画
▶ 配管網に流量計や圧力計などの各種センサを整備し、その情報を収集・解析することで、高度な配水計画につなげる。

活用例② 故障予知診断
▶ 機械の振動や温度などの情報を収集・解析することで、故障予知診断につなげる。

活用例③ 見守りサービス
▶ スマートメータを活用し、水道の使用状況から高齢者等の見守りを行うもの。

【事業例2】

活用例 アセットマネジメントへの活用
▶ 台帳の一元化、維持管理情報の集約などにより適切なアセットマネジメントを実施し、施設統合や更新計画につなげる。

▶ 上記事業例のほか、新たな視点から先端技術を活用して科学技術イノベーションを指向する。

資料）厚生労働省

写真 特12	下水汚泥肥料の活用

下水汚泥由来の肥料を利用した農作物の販売（佐賀県佐賀市）

資料）国土交通省

（広域化）

　全国の上下水道の大半は市町村を始めとした小規模な事業体により運営されており、経営及び人材面の体制の脆弱化（ぜいじゃく）が課題になる中、職員確保や経営面でのスケールメリットをいかして効率的な管理が可能となるよう、都道府県単位で広域化を検討する動きが進められている（**図表特8**）。その形態としては、施設の統廃合、管理の一体化、共同での業務発注等、多様なケースが考えられる（**図表特9**）。

　政府は都道府県における広域化に関する計画の策定を推進するため、マニュアルを作成するとともに、優良事例の横展開を進めている[7]。都道府県の強力なリーダーシップの下、広域化の実施に向けた取組が推進されている。

7　全ての都道府県において、水道については水道広域化推進プランを、下水道については広域化・共同化計画を策定済み。

図表 特8　水道事業・下水道事業の現状・課題

水道事業の現状・課題

水道事業の現状と課題

老朽化・耐震性不足　経営環境の悪化　人材減少・高齢化

水道の基盤強化に向けた基本的考え方

①適切な資産管理
収支の見通しの作成及び公表を通じ、水道施設の計画的な更新や耐震化等を進める。

②広域連携
人材の確保や経営面でのスケールメリットをいかした市町村の区域を越えた広域的な水道事業間の連携を推進する。

③官民連携
民間事業者の技術力や経営に関する知識を活用できる官民連携を推進する。

下水道事業の現状・課題

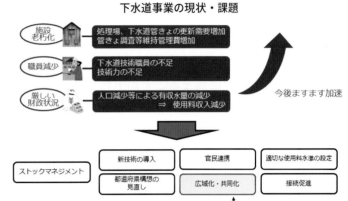

施設老朽化	処理場、下水道管きょの更新需要増加 管きょ調査等維持管理費増加
職員減少	下水道技術職員の不足 技術力の不足
厳しい財政状況	人口減少等による有収水量の減少 ⇒ 使用料収入減少

今後ますます加速

ストックマネジメント　新技術の導入　官民連携　適切な使用料水準の設定　都道府県構想の見直し　広域化・共同化　接続促進

これらの取組の一つとして**広域化・共同化**は**有効な手法**である

資料）厚生労働省、国土交通省

図表 特9　水道事業・下水道事業の広域化のイメージ

水道事業の広域化のイメージ

広域連携形態		内　容	事　例
事業統合		・経営主体も事業も一つに統合された形態 （水道法の事業認可、組織、料金体系、管理が一体化されている。）	香川県広域水道企業団 （香川県及び県下8市8町の水道事業を統合：H30.4〜）
経営の一体化		・経営主体は同一だが、水道法の認可上、事業は別形態 （組織、管理が一体化されている。事業認可及び料金体系は異なる。）	広島県水道広域連合企業団 （広島県及び14市町の水道事業を経営統合：R5.4〜）
業務の共同化	管理の一体化	・維持管理の共同実施・共同委託（水質検査や施設管理等） ・総務系事務の共同実施、共同委託	神奈川県内5水道事業者 （神奈川県、横浜市、川崎市、横須賀市、神奈川県内広域水道企業団の水源水質検査業務を一元化：H27.4〜）
	施設の共同化	・水道施設の共同設置・共用 （取水場、浄水場、水質試験センター等） ・緊急時連絡管の接続	熊本県荒尾市と福岡県大牟田市 （共同で浄水場を建設：H24.4〜）
その他		・災害時の相互応援体制の整備、資材の共同整備等	多数

下水道事業の広域化のイメージ

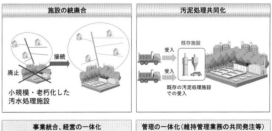

施設の統廃合　汚泥処理共同化

事業統合、経営の一体化
一部事務組合等による事業統合や経営の一体化

管理の一体化（維持管理業務の共同発注等）
共同発注のイメージ

資料）厚生労働省、国土交通省

（官民連携）

　上下水道事業では従前から、官民一体となった取組が進められており、優れた新技術や運営ノウハウ等、民間企業の創意工夫を活用することは、良質な公共サービスの提供やコスト削減等を図る上で有効である。地方公共団体の執行体制の脆弱化、財政状況切迫、老朽化施設の増大等が進む中、上下水道の機能・サービスの水準をいかに確保していくかが喫緊の課題とされており、PPP/PFI（官民連携）の重要性が更に高まることが予想される。

　令和5年6月の民間資金等活用事業推進会議（PFI推進会議）において、「PPP/PFI推進アクションプラン（令和5年改定版）（令和5年6月2日民間資金等活用事業推進会議決定）」が決定され、水道、下水道、工業用水道を含む重点分野において10年間で取り組む合計575件[8]の事業件数ターゲットの設定や「ウォーターPPP」等、多様な官民連携方式の導入等が盛り込まれた。ウォーターPPPは、公共施設等運営事業（コンセッション方式）と管理・更新一体マネジメント方式の総称である。このうち、管理・更新一体マネジメント方式は、水道、下水道、工業用水道分野において、コンセッション方式に準ずる効果が期待できる官民連携方式として、また、コンセッション方式に段階的に移行するための官民連携方式として、長期契約で管理と更新を一体的にマネジメントする方式である（**図表特10、写真特13**）。

　上下水道事業の持続性の向上に資するウォーターPPPについて、地域の実情に合った導入が進むよう地方公共団体に対する支援の充実や枠組みに関する周知等、環境整備が重要である。

図表 特10	**ウォーターPPP**

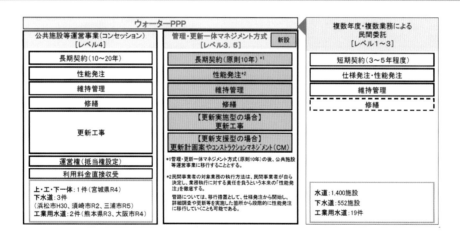

資料）内閣府

写真 特13	**浄水場の再整備事業**[9]

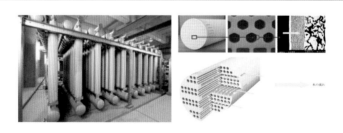

資料）神奈川県横浜市

8　このうち、水道は100件、下水道は100件、工業用水道は25件（工業用水道については、ウォーターPPPを始めとする多様なPPP/PFIに関する件数）。
9　川井浄水場の更新に当たり、PFI契約を導入（契約期間25年間）し、特別目的会社（SPC：Special Purpose Company）にて運営・管理を一元的に実施。ICTの活用や自然の地形を利用した設計・建設、企業運営、新技術（膜ろ過方式）等、民間ノウハウを最大限活用して再整備を行った結果、従来型浄水場と比較して、効率化・省コスト・環境負荷軽減を実現。

第4節　水道行政の移管による効果

上下水道には共通の課題もある中、今般、水道行政が厚生労働省から国土交通省及び環境省に移管されることで、新たなシナジー効果の創出も期待される（**写真特14**）。

水道事業と下水道事業を一体的に運営している地方公共団体もあり、国土交通省が水道行政と下水道行政を併せて所掌することにより、水ビジネスの国際展開、技術開発、官民連携等の共通する課題に対して、一体的かつ効率的に取り組むことができる。

また、国土交通省が有するインフラ整備・管理に関する知見や地方整備局等の現場力・技術力をいかし、老朽化が進む水道施設の効果的なメンテナンスや災害復旧の支援体制の強化等が図られることが想定される。

くわえて、水道事業等における災害対応等の機能強化を図るため、「公共土木施設災害復旧事業費国庫負担法（昭和26年法律第97号）」に基づく国庫負担の対象となる施設に水道が追加された。これにより、水道についても河川、道路、下水道等と同率の国庫負担がなされるようになり、また、「激甚災害に対処するための特別の財政援助等に関する法律（昭和37年法律第150号）」に基づく激甚災害の際の特別の財政援助の対象にもなった。

さらに、「社会資本整備重点計画法（平成15年法律第20号）」が改正され、水道についても、下水道等の国土交通分野の各種インフラと相互に連携を図りながら、重点的、効果的かつ効率的な整備等を促進し、その機能強化を図るため、同法に規定する社会資本整備事業の対象に追加された。

水質基準の策定等については、河川等の環境中の水質に関する専門的な能力・知見を有する環境省に移管することにより、水質管理に関する調査・研究の充実等、水質や衛生の面でも機能強化が図られる。

実際、令和6年能登半島地震において、地方整備局等が被災状況を把握した上で、給水機能付き散水車等の派遣、被害状況調査や復旧計画立案等を行う職員の派遣、基幹的施設の災害復旧に関する技術的支援等、一体的な支援が実施された。また、令和6年4月に予定されていた「公共土木施設災害復旧事業費国庫負担法」に基づく水道施設に関する災害復旧費の補助率嵩上げと同程度の措置の前倒し適用が行われた。正に、水道行政の移管を見据えて、政府全体で上下水道一体の復旧が図られた。

写真 特14　国土交通省「上下水道審議官グループの発足等に伴う大臣訓示式」

資料）国土交通省

（おわりに）

　水循環は様々な要素で構成されており、取り分け上下水道は一人一人の生活の土台として国民生活になくてはならないものであるが、私たちが日常的にその価値や意義を意識する機会は多くなく、残念ながら、事故発生等のネガティブな事象が生じた時に社会的関心が高まる傾向にある。

　今般の水道行政の移管は、人々の生活を支える生活用水にとっての歴史的な転換点であり、多くのメリットが期待されるが、日々の生活において、人々がメリットを直ちに身近に感じることは難しい。そのため、移管により上下水道に対して世間の注目が集まる中、これをチャンスと捉え、移管に伴うメリットを確かなものとするためにも、行政のみならず、事業者、国民一人一人含め、世の中全体が上下水道を始めとする水資源の重要性や地域の抱える水循環の課題、我が国の水循環の在り方等に意識を向けることが重要である。

　私たち一人一人は、日々触れる蛇口とトイレが水循環の中継地であり、必要な分だけ水を使うこと、排水時の水質を保つこと等、日々の行動が健全な水循環の維持につながっていることを忘れてはならない。すなわち、私たちの日々の生活の積み重ねが健全な水循環の連鎖の環の欠くことのできない一部であるという認識を改めて持つことが重要である。

　上下水道行政も含む水循環政策については、これまでも全省庁の連携の下、「水循環基本計画（令和2年6月16日閣議決定、令和4年6月21日一部変更）」に基づき、関係施策が推進されてきた。令和6年能登半島地震を踏まえ、飲用水にとどまらず、生活用水の確保の重要性が改めて認識され、また、老朽化するインフラの耐震性の確保や災害時の地下水等の代替水源の確保等、今後の水資源の在り方についての課題が顕在化した。今般の水道行政の移管に伴う効果を十分に発揮できるよう、引き続き関係者と密接に連携して取り組むとともに、地下水、雨水、下水の処理水等、水循環を構成するあらゆる要素を考慮した取組が求められる。

　これまで私たちの生活に最も身近な水循環である上下水道について述べてきたが、上下水道は水循環の一つの構成要素であり、そのほかにも、農業用水、水力発電による電力、豊かな河川環境等、様々な形で水は生活に密接に関わっている。水資源政策については、令和5年10月に「国土審議会水資源開発分科会調査企画部会」において、「リスク管理型の水資源政策の深化・加速化について」提言が取りまとめられた。本提言では、水資源に対する多様化するニーズに対応するため、これまでの利水を中心とした従来の水資源政策を、将来は、治水、利水、環境、エネルギー等の総合的な観点へ転換し、国民や企業等のエンドユーザーを含む流域のあらゆる関係者が水に関して一体的に取り組む、言わば総合的な水のマネジメントに政策展開することが期待されている（【コラム】参照）。

　政府として、今後も「水循環基本法」で謳われている健全な水循環の維持又は回復やそのための水循環政策の総合的かつ一体的な推進をより一層図っていく。

【コラム】リスク管理型の水資源政策の深化・加速化について
（令和5年10月「国土審議会水資源開発分科会調査企画部会」提言）

　水資源政策については、平成27年3月「国土審議会」の「今後の水資源政策のあり方について」答申の基本理念に基づき、安全で安心できる水を確保し、安定して利用できる仕組みをつくり、水の恵みを将来にわたって享受することができる社会を目指した取組が進められてきた。

　本答申以降、気候変動の影響の顕在化、水需要の変化と新たなニーズの顕在化、大規模災害・事故による水供給リスクの更なる顕在化等、水資源を巡る様々な情勢の変化が見られている。このため、「国土審議会水資源開発分科会調査企画部会」において、気候変動や災害、社会情勢の変化等を踏まえたリスク管理型の水資源政策の深化・加速化について、調査・審議が重ねられ、令和5年10月に提言が取りまとめられた。以下に提言の概要を記載する。

（リスク管理型の水資源政策の深化・加速化について）

　水資源は、生活用水、工業用水、農業用水、水力発電による電力、豊かな河川環境など様々な形で人々の生活と密接に関わっている。国民が水の恵みを最大限享受できるよう、人口減少、産業構造の変化、気候変動による農業用水需要の変化に応じた水供給、2050年カーボンニュートラルに向けた水力発電の推進、水道や下水道の施設の集約・再編、動植物の生息環境の維持や良好な河川景観の形成、地下水の適正な保全と利用、大規模災害・事故時の最低限の水の確保に加え、水災害の激甚化・頻発化への対応など、様々な社会のニーズに対応していく必要がある（**図表特11**）。

　これらの多様化するニーズに対応するためには、これまでの利水を中心とした従来の水資源政策を、将来は治水、利水、環境、エネルギー等の総合的な観点へ転換し、国民や企業等のエンドユーザーを含む流域のあらゆる関係者が水に関して一体的に取り組む、言わば総合的な水のマネジメントへと政策展開することが期待されている。

　まずはその第一歩として、顕在化する気候変動や社会情勢の変化等のリスクに速やかに対応するために、以下の点に重点的に取り組む必要がある（**図表特12**）。

図表 特11	水資源政策の方向性

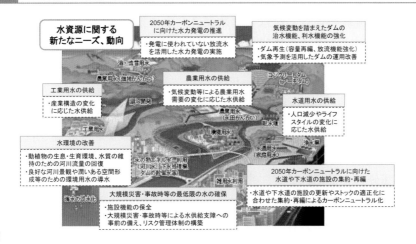

資料）国土交通省

| 図表 特12 | リスク管理型の水資源政策の深化・加速化について（提言概要） |

リスク管理型の水資源政策の深化・加速化について 提言 概要
～気候変動や災害、社会情勢の変化等を見据えた流域のあらゆる関係者による総合的な水のマネジメントへ～

| 社会の ニーズ | ・人口減少、産業構造の変化、気候変動等による農業用水需要の変化に応じた水供給　・2050年カーボンニュートラルに向けた水力発電の推進
・上下水道施設の集約・再編　　　・動植物の生息環境の維持や良好な河川景観の形成　・地下水の適正な保全と利用
・大規模災害・事故時の最低限の水の確保　・水災害の激甚化・頻発化への対応　　　　　　　　　　　　　　　　　　等 |

| 将来の水資源政策 | 治水、利水、環境、エネルギー等の観点から、流域のあらゆる関係者が水に関して一体的に取り組む、**総合的な水のマネジメント**への政策展開を目指す |

まずはその第一歩として、リスク管理型の水資源政策の深化・加速化により、顕在化する気候変動や社会情勢の変化等のリスクに速やかに対応

1. 流域のあらゆる関係者が連携した既存ダム等の有効活用等による総合的な水のマネジメントの推進

（1）水需給バランス評価等を踏まえた流域のあらゆる関係者が連携した枠組みの構築

＜対応すべき課題＞
流域のあらゆる関係者が有機的に連携し、流域の総合的な水のマネジメントの推進を図るため、関係者間のより円滑な調整を可能にするための枠組みの構築が必要

○ 「水需給バランス評価の手引き」の作成
○ 流域のあらゆる関係者が連携した情報共有等を図る枠組みの構築
　・ 流域の水運用を含めた水道の集約・再編の検討　・水系管理の観点から流域における増電の検討

（2）気候変動リスク等を踏まえたダム容量等の確保・運用方策の検討

＜対応すべき課題＞
既存ダム等を最大限かつ柔軟に有効活用する方法について速やかに検討する必要。その際、水力発電の推進と洪水調節との両立なども併せて一体的に検討する必要

○ 気象予測技術を活用し、多目的な用途に柔軟に活用できるダム容量等を確保・運用する方策
　・ その際、事前放流をより効果的に行うための放流機能の強化等の施設整備
　・ 観測の強化、気象・水象予測技術の高度化　・ 不特定容量の活用の検討
○ 気候変動による渇水リスクの検討の加速化

2. 大規模災害・事故による水供給リスクに備えた最低限の水の確保

＜対応すべき課題＞
施設機能の保全に万全を期すとともに、不測の大規模災害・事故時においても最低限の水を確保できるよう、平時から検討を進め備えを強化する必要

○ 大規模堰等※において、施設管理者と利水者が連携し、大規模災害・事故による水供給リスクに備えた応急対応を検討
　・ 利水者において、最低限の水供給の目標設定、浄水場間の水融通などを検討
　・ 必要に応じて、流域のあらゆる関係者が平時より連携・協力し、緊急的な水融通などを検討
○ 上記を実施したとしても被害が想定される場合、投資効果も考慮した施設のリダンダンシー確保を検討
○ パイロット的な検討を進め、他施設でも検討できるよう、検討手順等を示すガイドラインを作成
※大河川における大規模な取水堰等の広域へ大量の水供給を行う施設かつ代替性が乏しいもの

3. 水資源政策の深化・加速化に向けた重要事項

（1）デジタル技術の活用の推進
○ 遠隔操作等の導入によるダムや堰等の管理の高度化、省力化
○ デジタル技術の活用による水管理の効率化、維持管理・更新の効率化
○ 気象予測の渇水対応への活用

（2）将来の危機的な渇水等に関する広報・普及啓発
○ エンドユーザーにおける渇水リスク、持続可能な水利用や節水の重要性などの認知度向上
　・ 受益地域と水源地域の相互理解・交流の推進
○ 渇水の生活や社会経済活動への影響について、効果的な手法による広報・普及啓発

（3）2050年カーボンニュートラルの実現に向けた水インフラの取組の推進
○ 徹底した省エネルギー化に向けて、水インフラの管理運営においては、2050年カーボンニュートラルの観点から施設・設備の更新、施設の集約・再編を検討

資料）国土交通省

１．流域のあらゆる関係者が連携した既存ダム等の有効活用等による総合的な水のマネジメントの推進

（１）水需給バランス評価等を踏まえた流域のあらゆる関係者が連携した枠組みの構築

　人口減少等に伴う水需要の変化に加え、水災害の激甚化・頻発化に対応するための洪水調節能力の強化等、ダム容量等に対する様々なニーズが顕在化している。地域によっては、水需要より相当程度の高い水供給能力を有している状況もある。このような中、一部のダムでは既存の容量の振替等の取組が行われているが、個別のダム使用権等を有する利水者だけでの取組では限界がある。そのため、流域のあらゆる関係者が有機的に連携し、ダム容量等を最大限活用する等、流域の総合的な水のマネジメントの推進が図られるよう、関係者間のより円滑な調整を可能にするための枠組みの構築が必要である。

〈今後の水資源政策の方向性〉

○　ダム使用権等を有する利水者がダムや堰等の施設管理者と連携して、水資源開発水系において渇水リスク評価の一環として実施している水需給バランス評価を行えるよう、その手法を分かりやすく取りまとめた手引を作成し公表すべきである。また、気候変動による水資源への影響分析を進め、適宜、当該手引に反映させていくべきである。

○　流域の利水者における水需給バランス評価の結果を踏まえ、河川管理者、施設管理者、利水者、新たな水需要やダム容量に対するニーズを持つ者などの流域のあらゆる関係者が

連携して、ダム容量等へのニーズや水利用の見直し等の情報共有等を図るための枠組みを構築すべきである（**図表特13**）。

| 図表 特13 | 水需給バランス評価を踏まえた流域のあらゆる関係者が連携した枠組みの構築イメージ |

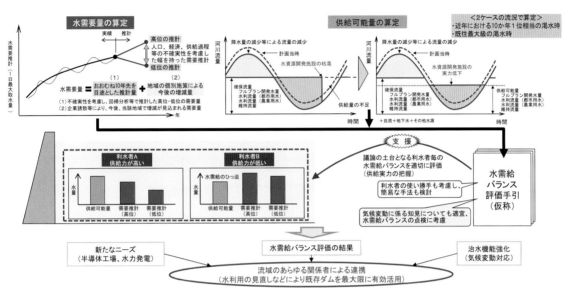

資料）国土交通省

（2）気候変動リスク等を踏まえたダム容量等の確保・運用方策の検討

　気候変動の予測は不確実性が大きく水資源への影響を定量的に評価できていない現状を踏まえると、新たに水資源開発施設の整備を行う前に、水を可能な限り安定して供給する方策等、既存ダム等を最大限かつ柔軟に有効活用する方法について速やかに検討する必要がある。

〈今後の水資源政策の方向性〉

○　既存ダム等を最大限活用するための枠組みの構築に加え、気象予測技術を活用して、危機的な渇水への対応、水力発電や治水対策の推進などの多目的な用途に柔軟に活用できるダム容量等について、確保・運用する方策を早急に検討すべきである（**図表特14**）。

図表 特14	気候変動リスク等を踏まえたダム容量等の確保・運用方策の検討

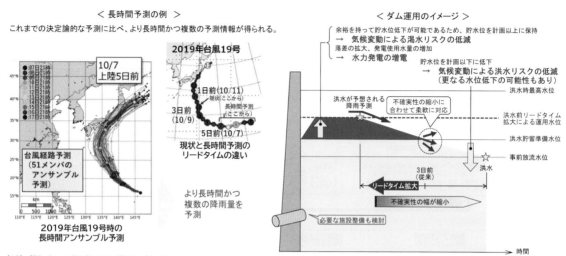

資料）国土交通省

2．大規模災害・事故による水供給リスクに備えた最低限の水の確保

　近年、豪雨や地震等の大規模災害や水インフラの老朽化、劣化による大規模事故が発生しており、水インフラの施設管理者において、施設機能の保全に万全を期すための維持管理・更新が行われているが、不測の大規模災害・事故時においても被害を最小化し、最低限の水を確保できるよう、平時から検討を進め、備えを強化する必要がある。

〈今後の水資源政策の方向性〉

○　大規模堰（ぜき）等においては、施設管理者と利水者が連携し、水供給リスクに備えた応急対応を平時から検討し、これを踏まえて、利水者が給水の優先順位、最低限の水供給の目標を定め、浄水場間の水融通などの検討に取り組むことを推進すべきである。

○　目標とする水量が確保できない場合には、河川管理者、利水者、施設管理者などの流域のあらゆる関係者が平時から連携・協力し、緊急的な水融通などの検討に取り組むことが重要である（**図表特15**）。

図表 特15	大規模災害・事故により水供給に支障が生じた場合の最低限の水の確保 検討イメージ

①水供給に係る目標設定
- ✓ 利水者の自己水源の状況等も踏まえ、大規模災害及び事故時における水供給の目標を設定。

(例)危機時の自己水源の事例
- 千葉県神崎町及び千葉市では、危機時においては、地下水の利用が可能（平時の地下水取水からの増量を含む）。
- 香川用水では、渇水時の補給又は緊急時に活用する調整池を整備。

神崎町水道
古河浄水場水源1号井
【出典】千葉県提供

香川用水調整池（宝山湖）
【出典】水資源機構香川用水
ウェブサイト

②応急給水
- ✓ 大規模災害及び事故時における応急給水計画、支援体制を検討。
- ✓ 早期復旧のための、資機材備蓄等を推進。

(例)災害時の支援体制、資機材備蓄等
- 水資源機構においては、災害時等の資機材の相互支援を目的とした協定締結を推進。
  - 関係地方整備局と備蓄資機材相互融通に関して「災害時における災害対策用機材等の相互融通に関する協定」を締結など
- また、早期に復旧活動ができるよう、必要な配管材や発電機、ポンプ等の機材を配備。

資機材備蓄状況
【出典】水資源機構提供

③緊急的な水融通等
- ✓ 災害や事故時において、1つの水源から取水できなくなった場合においても、最低限の水を供給できるよう、緊急水融通や雨水・再生水の活用等についても検討。

④リダンダンシーの確保
- ✓ 整備の容易さにも配慮したリダンダンシー確保の取組を推進。

(例)佐賀県水道用水の事例
- 佐賀東部水道企業団では、基幹管路(φ1100mm)への送水が不可となった場合のバックアップ管路(φ450mm)を整備し、これにより基幹水路事故時においても通常時の80%の送水が可能。

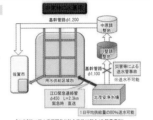

【出典】第10回水資源開発分科会筑後川部会(佐賀県資料)

⑤あらゆる関係者の連携・協力
- ✓ 目標とする水量が確保できない場合には、流域の河川管理者、利水者、施設管理者などのあらゆる関係者が平時より連携・協力し、緊急的な水融通などを検討。

(例)リスク管理体制構築に当たっての関係者イメージ

資料）国土交通省

3．水資源政策の深化・加速化に向けた重要事項

（1）デジタル技術の活用の推進

○　ダムや堰等については、最新のデジタル技術を活用した遠隔操作等の導入により、管理の高度化、省力化を推進することが重要である。

○　利水者のインフラ管理についても、デジタル技術を活用することにより、水管理の効率化、維持管理・更新の効率化などを推進することが重要である。

（2）将来の危機的な渇水等に関する広報・普及啓発

○　エンドユーザーにおける渇水リスク、持続可能な水利用や節水の重要性の認知度を上げることが重要である。

○　受益地域と水源地域の相互理解・交流を推進することが重要である。

○　地域の実情に応じた渇水による生活や社会経済活動への具体的な影響について、子供から大人まで伝わる効果的な手法により、広報・普及啓発することが重要である。

（3）2050年カーボンニュートラルの実現に向けた水インフラの取組の推進

○　徹底した省エネルギー化に向けて、水インフラの管理運営においては、今後更新される施設は2050年以降も利活用される可能性が高いことを考慮し、カーボンニュートラルに向けた社会全体の取組や技術開発を踏まえた施設や設備の更新を行うとともに、ストックの適正化に合わせた施設の集約・再編においてカーボンニュートラルの観点から検討することも重要である（**図表特16**）。

図表 特16	2050年カーボンニュートラルに向けた水インフラにおける取組イメージ（例）

○ 徹底した省エネルギー化に向けて、水インフラの管理運営においては、今後更新される施設は2050年以降も利活用される可能性が高いことを考慮し、カーボンニュートラルに向けた社会全体の取組や技術開発を踏まえた施設や設備の更新を行うとともに、ストックの適正化に合わせた施設の集約・再編においてカーボンニュートラルの観点から検討することも重要である。

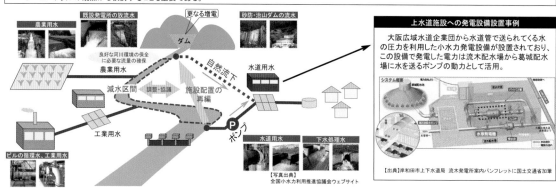

資料）国土交通省

特集

本編

コラム

本編

令和5年度
政府が講じた
水循環に関する施策

令和5年度 政府が講じた 水循環に関する施策

「水循環基本法（平成26年法律第16号）」第12条は、「政府は、毎年、国会に、政府が講じた水循環に関する施策に関する報告を提出しなければならない」と規定しており、ここでは「令和5年度政府が講じた水循環に関する施策」として、令和5年度に実施した施策について報告する。

第1章　流域連携の推進等 ―流域の総合的かつ一体的な管理の枠組み―

　健全な水循環を維持又は回復するための取組は、水循環が上流域から下流域へという面的な広がりを有していること、また、地表水と地下水とを結ぶ立体的な広がりを有することを考慮し、単に問題の生じている箇所のみに着目するだけでなく、流域全体を視野に入れることが重要である。

　水循環に関する課題の例としては、水量・水質の確保、水源の保全と涵養、地下水の保全と利用、生態系の保全等が挙げられ、それぞれの課題に個別に対策が講じられ、一定の解決が図られてきた。近年では、気候変動の影響により激甚化・頻発化する水災害対策への取組や、水循環を地域資源として活用して地域振興を目指す取組など、水循環に係る取組の広がりも見られる。そのため、水循環に関する課題解決に向けては、様々な主体の連携の下、様々な分野の情報や課題に対する共通認識を持ち、将来像を共有する取組がますます重要となっている。

（1）流域水循環計画策定・推進のための措置

　「水循環基本計画（令和2年6月16日閣議決定、令和4年6月21日一部変更）」においては、流域の総合的かつ一体的な管理の理念を体現化する「流域マネジメント」の考え方が明確化された。流域マネジメントを進めるに当たっては、流域ごとに流域に関係する様々な主体で構成される「流域水循環協議会」を設置し、流域マネジメントの基本方針等を定める「流域水循環計画」を策定することとしている（**図表1**）。

　流域ごとの目標を設定するための考え方などを示した手引の作成や、流域水循環計画の策定に取り組む地方公共団体等に対しては水循環に関するアドバイザーを派遣するなどの支援を行うこととしている。

図表1	流域マネジメントの考え方

「流域マネジメント」
流域の総合的かつ一体的な管理は、一つの管理者が存在して、流域全体を管理するというものではなく、森林、河川、農地、都市、湖沼、沿岸域、地下水盆等において、人の営みと水量、水質、水と関わる自然環境を適正で良好な状態に保つ又は改善するため、流域において関係する行政などの公的機関、有識者、事業者、団体、住民などの様々な主体がそれぞれ連携して活動すること

（水循環基本計画）

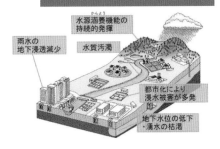

水循環に関する課題の例

水源涵養機能の持続的発揮
雨水の地下浸透減少
水質汚濁
都市化により浸水被害が多発
地下水位の低下・湧水の枯渇

健全な水循環の維持・回復に向けた
流域連携の枠組み
（水循環基本計画で提案）

流域マネジメント
・「流域水循環協議会」を設置
・「流域水循環計画」を策定
・計画に基づき、水循環に関する施策を推進

資料）内閣官房水循環政策本部事務局

（流域水循環計画の公表）

○　流域マネジメントの活動状況の把握と更なる展開を目的として、平成28年度から全国で策定された流域水循環計画を一覧の形で公表[1]している。令和5年度は11計画を公表し（うち2計画は、既存の計画について、新たな課題や取組の進捗を踏まえて改定されたもの）、令和6年3月末時点で、合計で78計画となった（**図表2、3**）。

図表2	流域水循環計画が策定されている地域

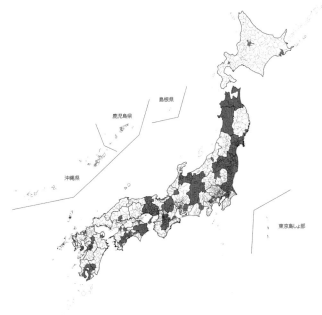

島根県
鹿児島県
沖縄県
東京島しょ部

資料）内閣官房水循環政策本部事務局

1　https://www.cas.go.jp/jp/seisaku/mizu_junkan/category/planning_status.html

特集

本編

第1章　流域連携の推進等－流域の総合的かつ一体的な管理の枠組み－

図表3	令和5年度に公表した流域水循環計画

令和6年3月公表

提出機関	計画名
茨城県	第4次茨城県環境基本計画の一部
稲敷市	稲敷市環境基本計画の一部
川崎市	川崎市新多摩川プラン
松阪市	第2次松阪市環境基本計画の一部
東広島市	第2次東広島市環境基本計画の一部
土佐町	土佐町第2期SDGs未来都市計画
日田市	第3次日田市環境基本計画の一部
杵築市	第2次杵築市環境基本計画の一部
長野県	第7次長野県水環境保全総合計画 改定

令和5年9月公表

提出機関	計画名
大阪狭山市	大阪狭山市水循環計画
千葉市	千葉市水環境・生物多様性保全計画 改定

資料）内閣官房水循環政策本部事務局

（「流域マネジメントの手引き」）

○ 「流域マネジメントの手引き」は、流域水循環協議会の設置、流域水循環計画の策定、資金確保等に関する実務的な手順等を体系的に取りまとめたものとして、平成30年に策定した。その後、「水循環基本計画」の変更を行ったことや、流域水循環計画の中には流域治水や地域振興など新たな施策や地域の課題を記載したものも策定されてきていることを踏まえ、令和6年1月に手引の改定を行った（**写真1、図表4**）。

写真1	「流域マネジメントの手引き」

資料）内閣官房水循環政策本部事務局

図表4	「流域マネジメントの手引き」改定のポイント

● 「流域マネジメントの手引き」は、流域水循環協議会の設置、流域水循環計画の策定、資金確保等に関する実務的な手順等を体系的に取りまとめたものとして、平成30年に策定。水循環基本計画の変更等を踏まえるとともに、流域水循環計画は、令和5年9月時点で70計画となっているものの、更に展開させるために見直しを行ったもの。
● 手引の見直しに当たり、以下の観点を改定のポイントとした。
①流域治水、②企業等との連携、③水循環の評価指標・評価手法の活用を充実、④流域マネジメントのメリットを改善、⑤流域水循環計画のひな型を例示、⑥本編はノウハウを中心とし、具体的事例は参考資料編へ記載。

新しく充実させた内容

流域治水
➢ 水循環基本計画の一部変更で流域治水に関する取組が追加されたことを踏まえ、流域治水の取組推進、流域水害対策協議会や流域水害対策計画等について記述。

企業等との連携
➢ 流域マネジメントへの多様な主体の参画、健全な水循環の維持・回復に興味を有している企業等の流域マネジメントに関する理解を促す観点から、企業等との連携について新たに記載。
➢ 記載に当たっては、流域マネジメントに関する取組という観点だけでなく、企業側の観点も考慮。

評価指標・評価手法の活用
➢ 令和4年9月に水循環の健全性や流域マネジメントに係る取組の効果等を見える化する「水循環の健全性・流域マネジメントの取組の効果等を「見える化」する手引き」を公表したことを踏まえ、流域水循環計画の進捗の評価や見直しに活用することを記述。

改善した内容等

流域マネジメントのメリット
➢ 流域マネジメントに取り組んだことによる成果について、若い世代の参加や企業に対する評価向上を追加し、「健全な水循環の維持・回復の推進」と「流域マネジメントによる効果」に分類し、改善。

流域水循環計画の作成（ひな型）
➢ 流域マネジメントの核となる流域水循環計画の策定を効率よく進めていく観点から、参考としてひな型を例示。

構成の見直し
➢ 本編には、流域マネジメントのノウハウを中心に記載し、具体的な流域マネジメントの事例や参考情報は、地域振興や地下水に関わる情報を追加・更新した上で参考資料編に記載することで、手引を見やすく・使いやすくした。

資料）内閣官房水循環政策本部事務局

（水循環アドバイザー制度等）

○　令和2年度から、流域マネジメントに取り組む、又は取り組む予定の地方公共団体等に対し、要請に応じて流域マネジメントに関する知識や経験を有するアドバイザーを派遣し、技術的な助言・提言を行っている。令和5年度は、6つの地方公共団体（北海道ニセコ町、長野県安曇野市、福井県大野市、滋賀県東近江市、愛媛県松山市、高知県香南市）への支援を実施した（**図表5**）。

図表5	水循環アドバイザー制度の支援実績

北海道ニセコ町
1. 形　式：　オンライン会議
2. 内　容：　・地下水観測に関して
　　　　　　・地下水の普及啓発活動に関して
3. 実施日：　令和6年2月16日
4. 水循環アドバイザー：　福井県大野市　くらし環境部　環境・水循環課
　　　　　　　　　　　　谷口　英幸　氏

滋賀県東近江市
1. 形　式：　現地派遣、会議
2. 内　容：　・地下水に関する課題の共有
　　　　　　・地下水に関心を向ける企業と行政の連携
3. 実施日：　令和6年2月6、7日
4. 水循環アドバイザー：　筑波大学　生命環境系
　　　　　　　　　　　　教授　辻村　真貴　氏

長野県安曇野市
1. 形　式：　オンライン会議
2. 内　容：　・市水環境基本計画策定に向けた、市民・企業等の取組
　　　　　　活動等
3. 実施日：　令和6年3月14日
4. 水循環アドバイザー：　神奈川県秦野市　環境産業部　環境共生課
　　　　　　　　　　　　谷　芳生　氏

愛媛県松山市
1. 形　式：　現地派遣、会議
2. 内　容：　・水資源賦存量調査手法について
　　　　　　・水資源の確保に関して
3. 実施日：　令和5年11月29、30日、令和6年2月9日
4. 水循環アドバイザー：　筑波大学　生命環境系
　　　　　　　　　　　　教授　辻村　真貴　氏

福井県大野市
1. 形　式：　会議
2. 内　容：　・水に関する学習施設の普及啓発・維持に関して
3. 実施日：　令和6年2月9日
4. 水循環アドバイザー：　東京学芸大学環境教育研究センター
　　　　　　　　　　　　教授　吉冨　友恭　氏

高知県香南市
1. 形　式：　オンライン会議
2. 内　容：　・地下水観測に着手するに当たっての留意事項に関して
　　　　　　・地下水涵養対策
3. 実施日：　令和6年1月29日
4. 水循環アドバイザー：　愛媛県西条市　環境部環境政策課
　　　　　　　　　　　　東元　道明　氏

資料）内閣官房水循環政策本部事務局

（流域マネジメントの普及啓発）

○　令和6年2月に流域マネジメントの普及啓発や、水循環アドバイザー制度を活用した流域マネジメントの推進を目的に「水循環アドバイザー制度の活用効果」をテーマとした水循環シンポジウムを開催した。シンポジウムでは、水循環アドバイザー制度を活用した地方公共団体から事例や活用効果を紹介するとともに、当該地方公共団体に派遣された水循環アドバイザーからアドバイスの視点について解説した上で、水循環アドバイザーへの期待について議論がなされた（**写真2**）。

写真2	水循環シンポジウム

資料）内閣官房水循環政策本部事務局

第２章　地下水の適正な保全及び利用

　地下水は地表水と異なり、目に見えず、その賦存する地下構造や利用形態が地域ごとに大きく異なるという特徴があるため、その課題についての共通認識の醸成や、地下水の利用や挙動等の実態把握とその分析、可視化、水量と水質の保全、涵養、採取等に関する地域における合意やその取組を地域ごとに実施する必要があり、こうした取組をマネジメントする地下水マネジメントが重要となっている。

　現在、日本の地下水利用は、生活用水、工業用水、農業用水、養魚用水、消流雪用水、建築物用水等を合わせて約118億 m^3 ／年（「令和５年版日本の水資源の現況」）と推計されている。こうした中、地球温暖化対策、防災用・災害時の利用など多面的な地下水利用が広がっており、地下水や湧水を保全・復活させるとともに、地域の文化や地場産品と組み合わせることにより、地下水・湧水を観光振興や特産品（ブランド化）に活用する新たな動きも見られるようになった。また、ミネラルウォーター市場の拡大に伴う工場進出や、先端・次世代半導体製造工場や半導体関連企業の集積などによる、企業の積極的な地下水利用も進みつつある。

　さらに、再生可能エネルギーの本格的な導入を図る観点から、地中熱の積極的な利用が期待されているなど、地下水に対するニーズが多様化する中で、地下水の適正な保全と利用に着目した総合的な地下水管理・利用の在り方、すなわち地下水マネジメントの取組がますます重要となってきている。

　なお、地下水マネジメントに取り組む地域の悩みは、地下水の賦存量と利用可能量の推定方法、地下水質の状況とその改善方法といった技術的な部分のほか、地下水協議会運営、条例づくり、地下水を利用している個人、企業等への指導等のノウハウと多岐にわたる。

　こうした地域の取組を支え、応援していくため、「地下水マネジメント推進プラットフォーム[2]」の活動を令和５年度から本格的に開始しており、関係省庁、先進的な取組を行っている地方公共団体、学識者、企業等の協力を得ながら、地域の地下水の課題を一元的に解決し、地方公共団体の条例づくり、取組を支援していくことを目指している（**図表６**）。

2　https://www.cas.go.jp/jp/seisaku/gmpp/index.html

| 図表6 | 「地下水マネジメント推進プラットフォーム」の活動 |

地下水マネジメント推進プラットフォーム

関係府省庁、先進的な取組を行っている地方公共団体等の公的機関、大学、研究機関、企業、NPO等が参画し、地域の地下水の問題を解決するため、関係者の協力の下、地下水マネジメントに取り組もうとする地方公共団体へ適切な助言を行うなど一元的に支援。

ポータルサイトによる情報提供

情報を一元的に得ることができるポータルサイトを設置し、基礎的な情報、代表的な地下水盆の概況、条例策定状況の紹介等を行う。

相談窓口の設置

相談窓口を設置し、関係省庁、先進的な取組を行っている地方公共団体等の幅広い知見等を紹介する。

アドバイザーの派遣

水循環アドバイザーの制度を活用し、地方公共団体等の課題に応じたアドバイザーの紹介、派遣を行う。

地下水マネジメント研究会

地下水に関する基礎的な知識を提供するとともに、先進的に取組を進めている地方公共団体、研究機関などの多様な知見等を提供し、意見交換を行う。

地下水データベース

国、地方公共団体等が収集する地下水位、地下水質、採取量及びこれらに関する観測所情報等のデータを相互に活用するためのデータベースを構築、運用を行う。

ガイドライン等に関する情報提供・内容の充実

地下水に関するガイドライン等を紹介するとともに、プラットフォームの活動を通じて得た知見を活用して内容の充実を図っていく。

 相談　 支援

地下水マネジメントに取り組もうとする地方公共団体

資料）内閣官房水循環政策本部事務局

（1）地下水に関する情報の収集、整理、分析、公表及び保存

　地下水については賦存量や挙動が解明されてない部分が多いため、関係機関等の成果もいかしながら、地域の実情に応じた観測、調査、データの整備と保存及び分析を支援することとしている。

○　地下水マネジメントを進める地域で観測・収集された地下水位、水質、採取量等のデータを、関係者が相互に活用することを可能とする「地下水データベース」の運用を令和5年6月に開始した（**図表7**）。なお、令和6年能登半島地震における経験も踏まえ、防災情報等、「地下水データベース」の充実を図っていく。

○　地下水マネジメントに取り組む地方公共団体を支援するため、地下水マネジメント推進プラットフォームの一環として、「地下水マネジメント研究会」を令和5年度に3回開催した。本研究会では、地下水に関する基礎的な知識を提供するとともに、多くの地方公共団体に共通する課題について、先進的な取組を進めている地方公共団体の経験や大学、研究機関、企業、NPOなど地下水に関わる多様な主体の知見等を提供し、意見交換を行うことで、課題解決の方向性を見いだすことを支援した。また、地下水マネジメントに着手しようとしている地方公共団体への技術的支援として、概括的な流域の状況や地下水の広がり、その賦存量など、基礎情報の提供を行った（**写真3**）。

図表7	「地下水データベース」の概要

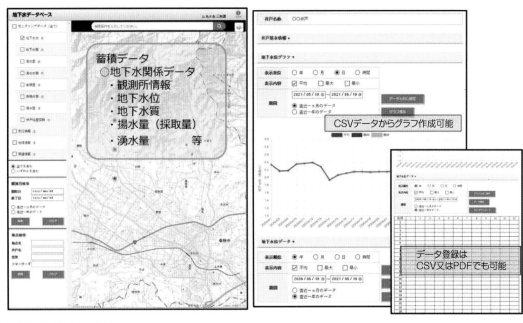

資料）内閣官房水循環政策本部事務局

写真3	地下水マネジメント研究会

資料）内閣官房水循環政策本部事務局

○　戦略的イノベーション創造プログラム（SIP[3]）において水循環モデルを用いて研究開発された「災害時地下水利用システム」で得られた知見等を活用し、平常時における地下水の収支や地下水の水量に関する挙動、地下水採取量に対する地盤変動の応答等を把握するための検討を推進した。

3　SIP：Cross-ministerial Strategic Innovation Promotion Program

（2）地下水の適正な保全及び利用に関する協議会等の活用

　地下水マネジメントを推進するため、関係者との連携・調整を行うための地下水協議会等の設置を支援することとしている。

○　地下水協議会の設置状況を把握するため、全国の地方公共団体等における地下水協議会の設置状況を分類、整理した。その結果、令和元年時点では全国で94の地下水関係協議会が設置されていることが確認された。協議会の種別は、地下水協議会、地方公共団体の諮問等機関、地下水利用協議会、地盤沈下対策協議会などと多様であった。これらの整理結果は、地下水協議会の設置を検討している地方公共団体の参考となるよう、地下水マネジメント推進プラットフォームのウェブサイトで公開した。

○　地下水マネジメントに取り組もうとしている地方公共団体の参考になるよう、地下水マネジメント推進プラットフォームのウェブサイトに、地下水協議会等による地下水マネジメントの取組状況を令和5年度に計4回公開した。

（3）地下水の採取の制限その他の必要な措置

　地下水の適正な保全及び利用を図るために地方公共団体が行う条例等による地下水の採取の制限やその他必要な措置等を支援することとしている。

○　地域における地下水マネジメントの実施状況を把握するため、全国の地方公共団体の地下水保全や利用等に関する条例の制定状況を調査、分類・整理し公表した。

○　調査の結果、令和5年10月時点で、679の地方公共団体において、863条例が制定されていることが確認された。条例の目的は、「地盤沈下の防止」、「地下水量の保全又は地下水涵養（かんよう）」、「地下水質の保全」、「水源地域の保全」等多岐にわたっており（**図表8**）、規制の内容も、地下水採取に係るもの、水質保全に係るもの、水源地の行為規制に係るものと多様であり（**図表9**）、規制の水準についても罰則のある全面規制から、他者への影響を調査させた上での許可や、届出のみのものまで、多岐にわたっている。これらの条例は、これから地下水に関する条例の制定を含む地下水マネジメントに取り組む地方公共団体にとって参考となると考えられる。

○　地下水の挙動や賦存状況の把握、効果的な保全対策等の目的に応じて、水循環アドバイザーの紹介及び派遣を行い、関係地方公共団体が助言を受ける機会を設けるなど、地下水マネジメントが推進されるよう支援を行った。

○　地下水マネジメント推進プラットフォームのウェブサイトにおいて、地下水マネジメントに取り組もうとする地方公共団体の参考になるよう、地下水に関する情報、先進的な取組事例を公開した。また、地下水マネジメントを円滑に進めていくためには地域の理解が必要であるため、地下水保全の必要性を分かりやすく説明した動画についても公開した。

○　地下水マネジメントに取り組む地方公共団体の取組がより着実に進められるよう、関係省庁が更に連携し、支援体制を強化するため、関係省庁間での連絡調整の場を設置した。

図表8	条例の目的別制定数（令和5年10月現在）

項　目	都道府県 条例数	市区町村 条例数	計
地下水関係条例数	86	777	863
(1)地盤沈下の防止	56	452	508
(2)地下水量の保全 　　又は地下水涵養	36	436	472
(3)地下水質の保全	62	612	674
(4)水源地域の保全	27	232	259

※一つの条例でも複数の目的を持つ場合がある。
※一つの目的に対して複数の条例を制定している地方公共団体がある。

資料）内閣官房水循環政策本部事務局

図表9	条例の対象行為による分類（令和5年10月現在）

規制の観点	対象行為	都道府県 条例数	市区町村 条例数	計
規制等を設けている条例数		75	638	713
水量	(1)採取自体	10	333	343
	(2)採取設備	30	118	148
	(3)地下掘削工事の規制	4	38	42
	(4)地盤沈下の防止	11	116	127
	(5)地下水涵養	9	123	132
	(6)その他	5	127	132
水質	(1)事業所設置	33	362	395
	(2)水質の保全	24	113	137
	(3)排出規制注1	6	17	23
	(4)地下浸透の禁止注2	34	52	86
水源地域保全	(1)土地取得	19	2	21
	(2)開発行為	11	314	325

※一つの条例でも複数の規制の観点、対象行為を持つ場合がある。

注1）汚染水等の排出基準の規定があるもの
注2）有害物質の地下浸透を規制する規定があるもの

資料）内閣官房水循環政策本部事務局

第3章　貯留・涵養機能の維持及び向上

　健全な水循環を維持又は回復する上で、森林、河川、農地、都市等における水の貯留・涵養機能の維持及び向上を図ることが不可欠である。

（1）森林

　我が国は、国土の約3分の2を森林が占める世界でも有数の森林国である。森林は、降水を樹冠や下層植生で受け止め、その一部を蒸発させた後、土壌に蓄える。森林土壌は、多孔質の構造となっており、その隙間に水を蓄え、徐々に地中深く浸透させて地下水として涵養するとともに、水質を浄化する（**図表10**）。水資源の貯留や水質の浄化、洪水の緩和等、森林の水源涵養機能を将来にわたって持続的に発揮させるためには、樹木の樹冠や下層植生が発達するとともに、水を蓄える隙間に富んだ浸透能力及び保水能力の高い森林土壌が形成される必要がある（**写真4**）。さらに、森林は大気中の二酸化炭素を吸収して炭素を貯蔵するとともに、生産した木材を建築物等で利用することで炭素が長期間貯蔵される。このように、森林はカーボンニュートラルの実現に寄与するとともに、気候変動やその影響を軽減し、災害の防止や健全な水循環の維持にも寄与している。

　このような森林が持つ多面的機能を発揮させるため、「森林・林業基本法（昭和39年法律第161号）」に基づく「森林・林業基本計画（令和3年6月15日閣議決定）」や、「森林法（昭和26年法律第249号）」に基づく森林計画制度等により、主伐[4]後の再造林や間伐等を着実に実施するとともに、自然条件等に応じて、複層林化[5]、長伐期化[6]、針広混交林化や広葉樹林化等により多様で健全な森林へ誘導するなど、計画的かつ適切な森林整備を推進するとともに、森林資源の循環利用に向けた木材需要の拡大等の取組を推進している。

図表10　森林内における水の動き（水源涵養機能）

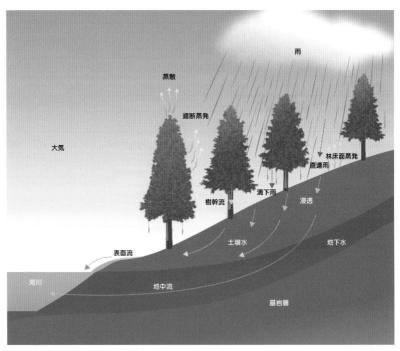

資料）国立研究開発法人森林研究・整備機構森林総合研究所

4　次の世代の森林の造成を伴う森林の一部又は全部の伐採。
5　針葉樹一斉人工林を帯状、群状等に択伐し、その跡地に人工更新等により複数の樹冠層を有する森林を造成すること。
6　従来の単層林施業が40～50年程度以上で主伐（皆伐等）することを目的としていることが多いのに対し、これのおおむね2倍に相当する林齢以上まで森林を育成し主伐を行うこと。

| 写真4 | 下層植生が乏しい人工林（左）と下層植生が発達した人工林（右） |

資料）林野庁

○　水源涵養機能を始めとする森林の有する多面的機能を総合的かつ高度に発揮させるため、「森林法」に規定する森林計画制度に基づき、地方公共団体や森林所有者等に対し指導、助言等を行い、体系的かつ計画的な森林の整備及び保全の取組を推進した。また、「森林経営管理法（平成30年法律第35号）」に基づき、経営管理が適切に実施されていない森林について、森林所有者から市町村等へ経営管理を委託する森林経営管理制度を推進した（**図表11**）。

○　民有林において、森林整備事業等により、路網[7]の整備や、施業の集約化を図りつつ行う間伐や主伐後の再造林を推進した（**写真5**）。所有者の自助努力では適正な整備ができない奥地水源林等について、公的主体による間伐等を実施するとともに、国有林においても、国自らが間伐等を実施するなど、適切な森林の整備及び保全を推進した。適切な森林の整備及び保全を進めるためには、森林所有者の把握が重要であり、これに向けた取組として、「森林法」により、平成24年度から、新たに森林の土地の所有者となった者に対しては、市町村長への届出が義務付けられている。こうした情報を用いて、平成22年度から外国資本による森林取得について調査を行っており、令和4年における、居住地が海外にある外国法人又は外国人と思われる者による森林取得の事例は、14件、41haとなっている。

○　森林の水源涵養機能などの持続的な発揮を図るため、それら機能の発揮が特に要請される森林については保安林に指定するなど、保安林の配備を計画的に推進するとともに、伐採、転用規制などの適切な運用を図った。これら保安林等においては、治山施設の設置や森林の整備等を行い、浸透・保水能力の高い土壌を有する森林の維持・造成を推進した。

○　豊富な森林資源の循環利用を図るため、直交集成板（CLT[8]）を始めとした木質部材や木質バイオマス利用などの新たな木材需要の創出や、国産材の安定供給体制の構築、建築用木材の国産の製品等への転換、担い手の育成・確保といった林業・木材産業の成長産業化に係る取組を推進した。

7　森林施業等の効率化のため、林道と森林作業道を適切に組み合わせたもの。
8　CLT：Cross Laminated Timber

| 図表11 | 森林経営管理制度の概要 |

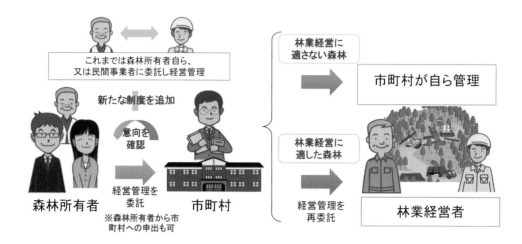

資料）林野庁

| 写真5 | 高性能林業機械による間伐の様子 |

資料）林野庁

（2）河川等

　気候変動の影響や社会状況の変化などを踏まえ、集水域と河川区域のみならず、氾濫域も含めて一つの流域として捉え、その流域のあらゆる関係者が協働し、「流域治水」の取組を推進している（**図表12**）。流域治水において各流域の実情に応じて実施する対策のうち、氾濫をできるだけ防ぐための対策として、洪水時に一時的に流域内で雨水を貯留できるよう、既存ストックを活用した流出抑制対策を実施している。

図表12 あらゆる関係者が協働して行う「流域治水」の概要

資料）国土交通省

○ 河川の水量について、河川整備基本方針等において河川の適正な利用、流水の正常な機能の維持に関する事項を定めている。また、ダム等の下流の減水区間[9]における河川流量の確保や、平常時の自然流量が減少した都市内河川に対し下水処理場の再生水の送水等を行い、河川流量の維持に取り組んだ。

○ 市街化の進展に伴う降雨時の河川、下水道への流出量の増大や浸水するおそれがある地域の人口、資産等の増加に対応するため、河川、下水道等の整備を行った。くわえて、流域の持つ保水・遊水機能を確保し、多発する大雨や短時間強雨による浸水被害を軽減するため、調整池等の整備により雨水を貯めることや、特に都市の内水対策として浸透ますや透水性舗装等の整備により雨水を浸み込ませて流出を抑えること等を適切に組み合わせ、流域が一体となった浸水対策を推進するとともに、新世代下水道支援事業制度により、貯留浸透施設等の整備を促進した。

○ 「特定都市河川浸水被害対策法等の一部を改正する法律（令和3年法律第31号）（流域治水関連法）」に基づき、貯留機能保全区域の指定等の流域が持つ貯留機能等を活用した治水対策の検討を推進した。

（3）農地

我が国の農地面積は、令和5年時点で約430万haとなっており、国土面積約3,780万haの約11%を占める。農地は、農業が営まれることにより様々な機能を発揮しており、畔畔に囲まれている水田や水を吸収しやすい畑の土壌は、雨水を一時的に貯留して、時間を掛けて徐々に流下させることによって洪水の発生を軽減させるという機能を有している。

農業・農村は、食料を供給する役割だけでなく、その生産活動を通じ、国土の保全、水源の涵養、

---

9 取水により、河川の取水地点から下流の放流地点までの河川流量が減少する区間。

生物多様性の保全、良好な景観の形成、文化の伝承等、様々な役割を有しており、その役割による効果は、地域住民を始め国民全体が享受している。水田等に利用されるかんがい用水や雨水の多くは、地下に浸透することで、下流域の地下水を涵養する一助となっている。涵養された地下水は、再び下流域で生活用水や工業用水として利用される（**図表13**）。

図表13　農業用水における水循環の概念図

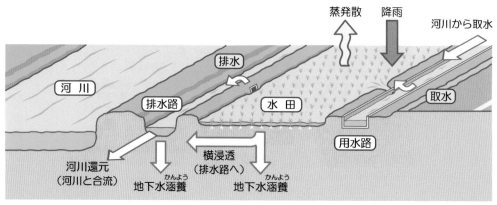

資料）農林水産省

○　健全な水循環の維持又は回復にも資する多面的機能を十分に発揮するため、安定的な農業水利システムの維持・管理、農地の整備・保全、農村環境や生態系の保全等の推進に加え、地域コミュニティが取り組む共同活動等への支援など、各種施策や取組を実施した。

（4）都市

都市化の拡大による地表面の被覆化は、雨水の地下への浸透量を減少させ、湧水の枯渇、平常時の河川流量の減少とそれに伴う水質の悪化、洪水時の河川流量の増加をもたらすおそれがある。そのため、各地で様々な貯留・涵養機能の維持及び向上のための取組がなされている。

地下水涵養機能の向上や都市における貴重な貯留・涵養能力を持つとともに、気温上昇の抑制や良好な景観形成など多様な機能を有するグリーンインフラとして、多様な主体の参画の下、緑地等の保全と創出、民間施設や公共公益施設の緑化を図っている。

また、民間の都市開発や土地利用等において、土壌や浸透性舗装等の効果も活用した雨水貯留浸透施設の設置を促進する等、雨水の適切な貯留・涵養を推進することで、浸水被害の軽減を図るとともに、水辺空間の創出などの取組を推進している。

こうした背景を踏まえ、平成27年に「下水道法（昭和33年法律第79号）」が改正され、民間の協力を得ながら浸水対策を推進することを目的に浸水被害対策区域制度を創設した。この浸水被害対策区域においては、民間事業者等の雨水貯留施設の設置を促進するため、平成27年度にその整備費用の支援を受けることができる制度等を創設した。さらに、令和3年の「下水道法」改正により浸水被害対策区域において雨水貯留浸透施設整備に係る計画の認定制度が創設され、より一層の整備費用の支援を受けることが可能となった。

○　緑豊かな都市環境の実現を目指し、市町村が策定する緑の基本計画等に基づく取組に対して、財政面・技術面から総合的に支援を行い、都市における貴重な貯留・涵養機能など多様な機能を有するグリーンインフラとして、多様な主体の参画の下、緑地等の保全と創出、民間施設や公共公益施設の緑化を図った。

○　令和5年度からは、「グリーンインフラ創出促進事業」で防災・減災に資するグリーンインフラ関連技術のフィールド実証支援を開始した。いまだ知見が十分でない雨庭・バイオスウェル[10]や水のアクティブ制御技術[11]の実証により実用化を促進し、地域におけるグリーンインフラの社会実装を図った。

○　令和3年の「下水道法」改正により浸水被害対策区域における雨水貯留浸透施設整備に係る計画の認定制度を創設し、財政支援についても強化することにより、地方公共団体による浸水被害対策区域の指定等を促進するとともに、民間等による雨水貯留施設等の整備を促進し、流出抑制対策を推進した。

（5）その他

令和2年3月に設立した「グリーンインフラ官民連携プラットフォーム」において、多様な主体の知見やノウハウを活用して、グリーンインフラの社会的な普及、技術に関する調査・研究、資金調達手法の検討等を進めた。具体的には、グリーンインフラに関連する技術・評価手法等を「グリーンインフラ技術集」として令和5年3月に公表した。さらに、地方公共団体がグリーンインフラ関連制度を活用するための「令和5年度版グリーンインフラ支援制度集」を公表したほか、様々な主体の方にグリーンインフラに取り組んでもらうための「グリーンインフラ実践ガイド」（**写真6**）を同年10月に公表した。

写真6　「グリーンインフラ実践ガイド」（令和5年10月）

資料）国土交通省

10　「雨の道」、「緑溝」とも呼ばれ、道路横で雨水の貯留・浸透を行う帯状の施設。
11　ここでは、ICT技術を用い、降雨などの環境変動に応じて順応的に湿地等の水位管理を行う技術を指す。

（1）安定した水供給・排水の確保等

ア　安全で良質な水の確保

　飲み水の質を改善する取組は水道行政、水道事業の根幹を成すものであり、明治維新後の黎明期から営々とその努力が積み重ねられ、コレラや赤痢などの感染症を早い時期に激減させ、全国に安全な水を安定的に供給する体制を構築するに至っている（**図表14**）。平成2（1990）年度にピークの約2,200万人に達したカビ臭等による異臭味被害対象人口は、オゾン処理技術などの高度処理技術の導入や水質管理の向上等により減少し、近年では300万人以下で推移していたが、令和3（2021）年度、令和4（2022）年度は約350万人であった（**図表15**）。

　今後とも、安全・安心でおいしい水への要請に応えていくため各水道事業者等による一層の取組が期待されている。

| 図表14 | 水道普及率と水系消化器系感染症患者の推移 |

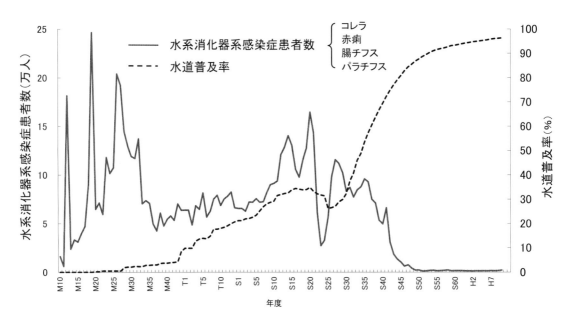

「伝染病統計」（厚生労働省）が平成11年3月で廃止されたため、平成10年度が最終数値。

資料）厚生労働省

| 図表15 | 水道における異臭味被害の発生状況の推移 |

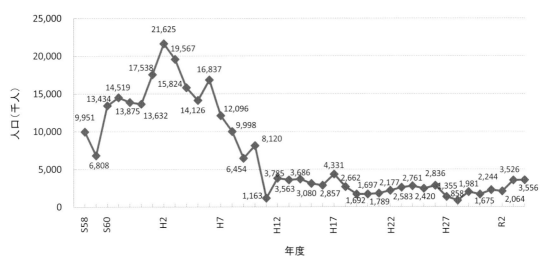

資料）厚生労働省

○　水道事業者等が安全で良質な水道水を常に供給できるようにするため、水源から給水栓に至る統合的な水質管理を実現する手法として、世界保健機関（WHO）が提唱している「水安全計画」の策定又はこれに準じた危害管理の徹底を促進した。

○　水道水の安全性の確保を図るため、「水質基準逐次改正検討会」を開催し、PFOS[12]、PFOA[13]等の化学物質等について、最新の科学的知見を踏まえた水質基準等の逐次改正について検討を行った。

○　公共用水域の水質保全を図るため、工場等への排水規制を引き続き実施した。また、地下水汚染の未然防止を図るため、平成23年の「水質汚濁防止法（昭和45年法律第138号）」の改正により設けられた地下浸透防止のための構造、設備及び使用の方法に関する基準の遵守、定期点検及びその結果の記録・保存を義務付ける規定等の施行に引き続き努めた。

○　「土壌汚染対策法（平成14年法律第53号）」に基づき、土壌の特定有害物質による汚染の除去等を行うことにより、土壌汚染に起因する地下水汚染の防止を図った。

○　「農薬取締法（昭和23年法律第82号）」に基づき、農薬の環境影響に係るリスクの評価及び管理を行うことにより、農薬使用に起因する公共用水域の汚染防止を図った。

○　化学物質排出移動量届出制度（PRTR制度[14]）の対象となる事業所からの公共用水域への化学物質の排出量等の届出を集計し、公表[15]を行った。

○　異臭味被害等に係る対策や、水源水質の変動の影響を受けにくい水供給システムの構築を推進するため、水道事業者等が実施する高度浄水処理施設等の整備に対する財政支援を行った。

○　持続的な汚水処理システムの構築に向け、下水道、農業集落排水施設及び浄化槽のそれぞれの有する特性、経済性等を総合的に勘案して、効率的な整備・運営管理手法を選定する都道府県構

12　ペルフルオロオクタンスルホン酸。
13　ペルフルオロオクタン酸。
14　PRTR制度：Pollutant Release and Transfer Register制度。「特定化学物質の環境への排出量の把握等及び管理の改善の促進に関する法律（平成11年法律第86号）」により、平成11年に制度化。
15　https://www.env.go.jp/chemi/prtr/risk0.html

想に基づき、適切な役割分担の下での生活排水対策を計画的に実施した。

○ 湖沼などの公共用水域へ排出される農業用用排水の水質保全を図るため、水生植物等が有する自然浄化機能の活用や浄化水路等の整備を実施した。

○ 「森林法」等に基づき、水源涵養機能の発揮が特に要請される森林については保安林の指定を推進するとともに、浸透・保水能力の高い土壌を有する森林の維持・造成を図るため、間伐、造林等の森林整備や治山施設の設置などを総合的に推進した。

○ 雨水の適切な利用を促進するため、令和5年度雨水利用に関する地方公共団体職員向けセミナーを開催し、地方公共団体及び民間団体の雨水利用の取組事例を周知し、利用を推進した。

○ 地域の実情に応じて、地方公共団体が中心となって、地域の関係者と連携し、地下水の保全と利用を進める地下水マネジメントの取組を推進するため、取組の初期段階に役立つ事項、様々な地下水関係者の意向や取組の事情を踏まえながら地下水協議会を運営する方法、取組の評価や計画の見直し段階の進め方等を取りまとめた、「地下水マネジメントの手順書」を令和元年8月に作成・公表するとともに、「地下水マネジメント研究会」を令和5年度に3回開催し、地下水マネジメントの進め方等について説明を行った。

イ　危機的な渇水への対応

我が国は、1970年代から2000年代まで、年降水量の変動が比較的大きかったこともあり、少雨の年を中心に渇水の影響を受ける地域が多かった。高度経済成長期以降、都市部への急速な人口集中に伴い、水需給が切迫した状況にあったことから、断水を起こさないような水供給システムの改善と関係者の不断の努力によって全国的に水インフラの整備を進め、この結果、全国の水資源開発施設の整備は一定の水準に達しつつある。しかしながら、一部の施設は整備中であり、また、無降水日の増加や積雪量の減少等の要因により、水資源開発施設の整備が計画された時点に比べてその供給可能量が低下する等の不安定要素が顕在化しており、近年も全国各地において取水が制限される渇水が発生している（**図表16**）。

さらに、今後の地球温暖化などの気候変動の影響により、地域によっては水供給の安全度が一層低下する可能性があることも踏まえて、異常渇水等により用水の供給が途絶するなどの深刻な事態を含め、より厳しい事象を想定した危機管理の準備をしておくことが必要である。そのためには、水資源開発施設の適切な整備、機能強化に加え、渇水による被害を防止・軽減するための対策をとる上で前提となる既存施設の水供給の安全度と渇水リスクの評価を行い、国、地方公共団体、利水者、企業、住民などの各主体が渇水リスク情報を共有し、協働して渇水に備えることが必要である。このため、危機的な渇水を想定し、渇水被害を軽減するための対策等を時系列で整理した行動計画である「渇水対応タイムライン」の策定を推進している。

我が国の産業と人口の約5割が集中する7つの水資源開発水系（利根川水系、荒川水系、豊川水系、木曽川水系、淀川水系、吉野川水系及び筑後川水系）においては、水資源の総合的な開発及び利用の合理化の基本となる水資源開発基本計画を策定している。危機的な渇水、大規模自然災害、水資源開発施設等の老朽化・劣化に伴う大規模な事故等、近年の水資源を巡るリスクや課題が顕在化している状況を踏まえ、平成27年3月の「国土審議会」の「今後の水資源政策のあり方について」答申において、安全で安心できる水を確保し、安定して利用できる仕組みをつくり、水の恵みを将来にわ

たって享受することができる社会を目指すことを取りまとめ、平成29年5月の「国土審議会」の「リスク管理型の水の安定供給に向けた水資源開発基本計画のあり方について」答申では、従来の需要主導型の「水資源開発の促進」からリスク管理型の「水の安定供給」へと、水資源開発基本計画を抜本的に見直す必要があることが示された。これを受けて、全7水系6計画の水資源開発基本計画の見直しを進めており、令和6年3月末時点において、利根川水系・荒川水系、淀川水系、吉野川水系、筑後川水系の5水系4計画の見直しが完了している。

これら水資源開発基本計画の見直しを進めていく中で、気候変動の影響の顕在化、水需要の変化と新たなニーズの顕在化、大規模災害・事故による水供給リスクの更なる顕在化など、近年、水資源を巡る様々な情勢の変化が見られていることから、令和5年10月に「国土審議会水資源開発分科会調査企画部会」において、早期に実施すべき政策の方向性として、「リスク管理型の水資源政策の深化・加速化について」提言[16]が取りまとめられた（**図表17**）。

| 図表16 | 我が国の年降水量（51観測地点）の経年変化と渇水の発生状況 |

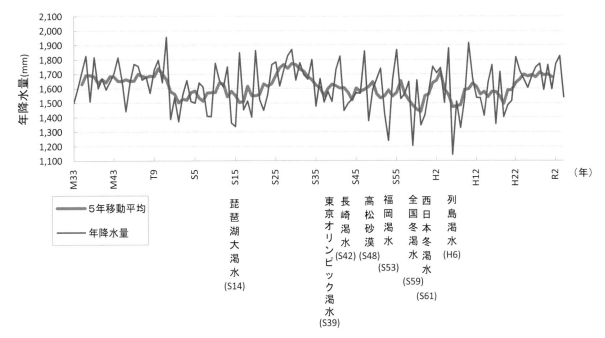

資料）国土交通省

---

16 https://www.mlit.go.jp/policy/shingikai/content/001634669.pdf

| 図表17 | リスク管理型の水資源政策の深化・加速化について（提言概要） |

リスク管理型の水資源政策の深化・加速化について 提言 概要
〜気候変動や災害、社会情勢の変化等を見据えた流域のあらゆる関係者による総合的な水のマネジメントへ〜

| 社会の
ニーズ | ・人口減少、産業構造の変化、気候変動等による農業用水需要の変化に応じた水供給　・2050年カーボンニュートラルに向けた水力発電の推進
・上下水道施設の集約・再編　　・動植物の生息環境の維持や良好な河川景観の形成　　・地下水の適正な保全と利用
・大規模災害・事故時の最低限の水の確保　・水災害の激甚化・頻発化への対応　　　　　　　　　　　　　　　　　　等 |

| 将来の水資源政策 | 治水、利水、環境、エネルギー等の観点から、流域のあらゆる関係者が水に関して一体的に取り組む、**総合的な水のマネジメント**への政策展開を目指す |

まずはその第一歩として、リスク管理型の水資源政策の深化・加速化により、顕在化する気候変動や社会情勢の変化等のリスクに速やかに対応

1．流域のあらゆる関係者が連携した既存ダム等の有効活用等による 総合的な水のマネジメントの推進	2．大規模災害・事故による水供給リスクに 備えた最低限の水の確保
(1) 水需給バランス評価等を踏まえた流域のあらゆる関係者が連携した枠組みの構築 ＜対応すべき課題＞ 流域のあらゆる関係者が有機的に連携し、流域の総合的な水のマネジメントの推進を図るため、関係者間のより円滑な調整を可能にするための枠組みの構築が必要 ○「水需給バランス評価の手引き」の作成 ○ 流域のあらゆる関係者が連携した情報共有等を図る枠組みの構築 ・流域の水運用を含めた水道の集約・再編の検討　・水系管理の観点から流域における増電の検討 **(2) 気候変動リスク等を踏まえたダム容量等の確保・運用方策の検討** ＜対応すべき課題＞ 既存ダム等を最大限かつ柔軟に有効活用する方法について速やかに検討する必要。その際、水力発電の推進と洪水調節との両立なども併せて一体的に検討する必要 ○ 気象予測技術を活用し、多目的な用途に柔軟に活用できるダム容量等を確保・運用する方策 ・その際、事前放流をより効果的に行うための放流機能の強化等の施設整備 ・観測の強化、気象・水象予測技術の高度化　・不特定容量の活用の検討 ○ 気候変動による渇水リスクの検討の加速化	＜対応すべき課題＞ 施設機能の保全に万全を期すとともに、<u>不測の大規模災害・事故時においても最低限の水を確保できるよう、平時から検討を進め備えを強化する必要</u> ○ 大規模堰等[※]において、施設管理者と利水者が連携し、大規模災害・事故による水供給リスクに備えた応急対応を検討 ・利水者において、最低限の水供給の目標設定、浄水場間の水融通などを検討 ・必要に応じて、流域のあらゆる関係者が平時より連携・協力し、緊急的な水融通などを検討 ○ 上記を実施したとしても被害が想定される場合、投資効果も考慮した施設のリダンダンシー確保を検討 ○ パイロット的な検討を進め、他施設でも検討できるよう、検討手順等を示すガイドラインを作成 ※大河川における大規模な取水堰等の広域かつ大量の水供給を行う施設かつ代替性が乏しいもの

3．水資源政策の深化・加速化に向けた重要事項
(1) デジタル技術の活用の推進 ○ 遠隔操作等の導入によるダムや堰等の管理の高度化、省力化 ○ デジタル技術の活用による水管理の効率化、維持管理・更新の効率化 ○ 気象予測の渇水対応への活用 ／ **(2) 将来の危機的な渇水等に関する広報・普及啓発** ○ エンドユーザーにおける渇水リスク、持続可能な水利用や節水の重要性などの認知度向上 ・受益地域と水源地域の相互理解・交流の推進 ○ 渇水の生活や社会経済活動への影響について、効果的な手法による広報・普及啓発 ／ **(3) 2050年カーボンニュートラルの実現に向けた水インフラの取組の推進** ○ 徹底した省エネルギー化に向けて、水インフラの管理運営においては、2050年カーボンニュートラルの観点から施設・設備の更新、施設の集約・再編を検討

資料）国土交通省　　　［再掲］

○ 危機的な渇水を想定し、渇水被害を軽減するための対策等を時系列で整理した行動計画である「渇水対応タイムライン」の策定を推進している。「渇水対応タイムライン」は、渇水対策協議会等の関係者で情報と認識を共有し、策定されており、令和5年度は、過年度に公表した石狩川水系等の23水系に加えて、新たに雲出川水系、物部川水系、仁淀川水系等の7水系について渇水対応タイムラインを公表[17]し、累計で30水系となった。

○ 全国各地の渇水情報を把握するとともに、各渇水対策協議会等の会議資料や状況、本日のダム貯水位などをウェブサイト「渇水情報総合ポータル」に掲載[18]し、全国各地の渇水状況を広く共有した。

○ 令和6年3月に豊川水系における水資源開発基本計画の見直しに着手し、「国土審議会水資源開発分科会豊川部会」において調査・審議を行った。

○ 令和5年10月の「国土審議会水資源開発分科会調査企画部会」の「リスク管理型の水資源政策の深化・加速化について」提言に基づき、水資源開発水系で実施している水需給バランス評価を利水者が行えるよう、その手法を分かりやすく取りまとめた手引[19]を作成した。

17　https://www.mlit.go.jp/mizukokudo/mizsei/mizukokudo_mizsei_fr2_000041.html
18　https://www.mlit.go.jp/mizukokudo/mizukokudo_mizsei_kassui_portal.html
19　https://www.mlit.go.jp/mizukokudo/mizsei/content/001733642.pdf

（2）災害への対応

ア　災害から人命・財産を守るための取組

　我が国は長い歴史の中で、脆弱な国土に起因する水害、土砂災害、地震災害などの自然災害から国民の生命や財産を守るため、堤防、砂防設備、治山施設などの災害対策の施設を整備するなどの取組を続けてきた。近年、短時間強雨の発生回数が増加しており、今後は、地球温暖化などの気候変動による外力の増大などの要因により水害、土砂災害等の激甚化・頻発化が懸念されることから、生命・財産を守るための防災・減災対策を推進し、災害に強くしなやかな国土・地域・経済社会を構築することが、より一層重要となっている（**図表18**）。

　令和５年度も梅雨前線による大雨、台風第２号、台風第７号等の自然災害が発生し、全国各地で河川の氾濫や内水等による浸水被害や土砂災害による被害等が生じている。大和川水系大和川や筑後川水系赤谷川では、大きな被害が発生した平成29年と同規模の雨量を観測したが、「防災・減災、国土強靱化のための５か年加速化対策（令和２年12月11日閣議決定）」等による河川整備や砂防設備、雨水貯留施設の整備等により浸水被害や土砂災害を大幅に軽減した。このように防災・減災、国土強靱化の取組は一定の効果を発揮している。

　一方で、こうした課題やいまだ治水施設の整備が途上であること、目標としている治水安全度を超える洪水が発生すること、さらに、今後の気候変動により水災害が激甚化・頻発化することを踏まえ、より一層の効果の早期発現を図るため、河道掘削、堤防整備、ダムや遊水地の整備などの河川整備の加速化を図るとともに、本川・支川、上流・下流など流域全体を俯瞰し、国・都道府県・市町村、地元企業や住民などあらゆる関係者が協働してハード・ソフト対策に取り組む「流域治水」の取組を強力に推進することとしており、令和３年３月には全国109の一級水系全てにおいて「流域治水プロジェクト」を策定・公表している。

　「流域治水関連法」の中核となる特定都市河川の指定を通じた河川への雨水の流出増加の抑制や、民間施設等も活用した流域における貯留・浸透機能の向上、水害リスクを踏まえたまちづくり・住まいづくりなど、必要な取組を強力に推進している。

　今後の気候変動に対して、全国の一級水系のハード整備の長期目標である河川整備基本方針において将来の降雨量の増大を考慮するとともに、流域治水の観点も踏まえた計画へと見直していく。

　土砂災害対策についても、気候変動による降雨特性の変化により将来顕在化・頻発化が懸念される地域ごとの土砂移動現象及び対策の検討・実施に必要となる関係諸量（土砂量等）の調査・評価手法の高度化等について検討しているところである。

　さらに、台風や大雨等の予測精度の向上や観測体制の強化、住民避難を支援するための防災気象情報の改善等により地域防災力の強化を図っていく。

図表18　我が国における近年の代表的な水害、土砂災害

年月	災害名	被害の概要
平成24年7月	九州北部豪雨	福岡県、熊本県、大分県、佐賀県は大雨となり、遠賀川、花月川、合志川、白川、山国川、牛津川において、氾濫危険水位を上回り、浸水被害等が多数発生。 矢部川において、河川整備基本方針の基本高水のピーク流量を上回る観測史上最大の流量となり、計画高水位を5時間以上超過し基盤漏水によって堤防が決壊して広域にわたる浸水が発生。
平成25年9月	台風第18号（京都府桂川等）	台風第18号に伴う大雨により、京都府、滋賀県、福井県では、運用開始以来初となる大雨特別警報が発表。京都府の桂川では観測史上最高の水位を記録し、越水による堤防決壊の危機にさらされたが、淀川上流ダム群により最大限の洪水調節が行われるとともに、懸命の水防活動により、堤防決壊という最悪の事態を回避。
平成26年8月	広島市の土砂災害	バックビルディング現象により積乱雲が次々と発生し、線状降水帯を形成し、3時間で217mmの降水量を記録。 避難勧告が発令される前に土砂災害等が発生し、死者77名（関連死を1名含む）の甚大な被害が発生。
平成27年9月	関東・東北豪雨	関東地方では、台風第18号から変わった低気圧に向かって南から湿った空気が流れ込んだ影響で、記録的な大雨となり、栃木県日光市五十里観測所で、観測開始以来最多の24時間雨量551mmを記録するなど、各観測所で観測史上最多雨量を記録。 常総市で、鬼怒川の堤防が約200m決壊。決壊に伴う氾濫により常総市の約1/3の面積に相当する約40㎢が浸水し、決壊箇所周辺では、氾濫流により多くの家屋が流出するなどの被害が発生。
平成28年8月	台風第7号、第9号、第10号、第11号（相次いで発生した台風）	北海道への3つの台風の上陸、東北地方太平洋側への上陸は、気象庁統計開始以降初めて。 北海道や東北地方の河川で堤防が決壊、越水し、合わせて死者28名、行方不明者3名など各地で多くの被害が発生。
平成29年7月	九州北部豪雨	平成29年7月5日、6日の大雨により、出水や山腹崩壊が発生。河川の氾濫、大量の土砂や流木の流出等により、死者40名、家屋の全半壊等1,437棟、家屋浸水1,683棟の甚大な被害が発生※。 ※死者数、家屋被害等は福岡県、熊本県、大分県の合計。
平成30年7月	平成30年7月豪雨（西日本豪雨）	西日本を中心に全国的に広い範囲で記録的な大雨となり、6月28日〜7月8日までの総降水量が四国で1,800mm、東海で1,200mmを超えるところがあるなど、7月の月降水量平年値の4倍となる大雨となったところがあった。特に長時間の降水量が記録的な大雨となり、アメダス観測所等（約1,300地点）において、24時間降水量は77地点、48時間降水量は125地点、72時間降水量は123地点で観測史上1位を更新。これにより、広域的かつ同時多発的に河川の氾濫、内水氾濫、土石流等が発生し、死者・行方不明者271名、住家の全半壊等18,129棟、床上浸水6,982棟の極めて甚大な被害が発生。避難指示（緊急）は最大で915,849世帯・2,007,849名に発令され、その際には985,555世帯・2,304,296名に避難勧告を発令。また、断水が最大263,593戸で発生するなど、ライフラインにも甚大な被害が発生。
令和元年10月	令和元年東日本台風	令和元年10月6日に南鳥島近海で発生した台風第19号は、12日19時前に大型で強い勢力で伊豆半島に上陸した。台風第19号の接近・通過に伴い、広い範囲で大雨、暴風、高波、高潮が発生。 10日から13日までの総降水量が、神奈川県箱根で1,000mmに達し、東日本を中心に17地点で500mmを超えた。特に静岡県や新潟県、関東甲信地方、東北地方の多くの地点で3、6、12、24時間降水量の観測史上1位の値を更新するなど記録的な大雨となった。 降水量について、6時間降水量は89地点、12時間降水量は120地点、24時間降水量は103地点、48時間降水量は72地点で観測史上1位を更新。 令和元年台風第19号の豪雨により、極めて広範囲にわたり、河川の氾濫や崖崩れ等が発生。これにより、死者・行方不明者121名、住家の全半壊等33,267棟、床上浸水7,710棟の極めて甚大な被害が広範囲で発生。
令和2年7月	令和2年7月豪雨	令和2年7月3日から8日にかけて、梅雨前線が華中から九州付近を通り東日本に延びて停滞し、西日本や東日本で大雨となり、特に九州では4日から7日は記録的な大雨となった。また、岐阜県周辺では6日から激しい雨が断続的に降り、7日から8日にかけて記録的な大雨となった。その後も前線は本州付近に停滞し、西日本から東北地方の広い範囲で雨が降り、特に13日から14日にかけては中国地方を中心に、27日から28日にかけては東北地方で大雨に大雨となった。 7月3日から7月31日までの総降水量は、長野県や高知県の多い所で2,000mmを超えたところがあり、九州南部、九州北部地方、東海地方及び東北地方の多くの地点で、24、48、72時間降水量が観測史上1位の値を超えた。この大雨により、球磨川や筑後川、飛騨川、江の川、最上川といった大河川での氾濫が相次いだほか、土砂災害、低地の浸水等が多く発生。また、西日本から東日本の広い範囲で大気の状態が非常に不安定となり、埼玉県三郷市で竜巻が発生したほか、各地で突風による被害が発生した。 7月3日から31日にかけての7月豪雨により、死者・行方不明者88名、住家の全半壊等6,162棟、床上浸水1,741棟の甚大な被害が発生。
令和3年7月	令和3年7月1日からの大雨	7月上旬から中旬にかけて梅雨前線が日本付近に停滞し、各地で大雨となった。7月1日から3日は、静岡県の複数の地点で72時間降水量の観測史上1位の値を更新するなど、東海地方や関東地方南部を中心に大雨となった。7月7日から8日は、中国地方を中心に日降水量が300mmを超える大雨となった。7月9日から10日は、鹿児島県を中心に総雨量が500mmを超える大雨となった。7月12日には、1時間降水量の観測史上1位の値を更新するなど、島根県や鳥取県を中心に大雨となった。 死者28名、行方不明者1名、住家の被害3,503棟の甚大な被害が広範囲で発生。 土砂災害発生件数267件（土石流等：28件、地すべり：8件、崖崩れ：231件）。特に静岡県熱海市伊豆山の逢初川で発生した大規模な土石流により、人的被害、住家被害等の極めて甚大な被害が発生。 29水系60河川で氾濫や河岸侵食等による被害が発生。 高速道路等12路線12区間、直轄国道6路線9区間、都道府県等管理道路64区間で被災が発生。
令和4年8月	令和4年8月3日からの大雨	8月3日から中旬にかけて、前線等の影響で各地で大雨となり、北海道地方、東北地方、北陸地方を中心に記録的な大雨となった。8月3日から4日にかけては複数の地点で24時間降水量が観測史上1位の値を更新した。特に新潟県と山形県では複数の線状降水帯が発生したことなどにより、解析雨量による総雨量が600mmを超える記録的な大雨となった。 死者2名、行方不明者1名、住家の被害7,415棟の甚大な被害が広範囲で発生。 土砂災害発生件数206件（土石流等：89件、地すべり：14件、崖崩れ：103件） 51水系132河川で氾濫による被害が発生。 高速道路等14路線28区間、直轄国道12路線16区間、都道府県等管理道路60区間で被災による通行止めが発生。
令和5年6月〜7月	令和5年6月29日からの大雨	6月28日以降、梅雨前線が日本付近に停滞し、前線に向かって暖かく湿った空気が流れ込んだ影響で前線の活動が活発となり、各地で大雨となった。6月28日から7月16日までの総降水量は大分県、佐賀県、福岡県で1,200mmを超えたほか、北海道地方、東北地方、山陰及び九州北部地方（山口県を含む。）で7月の平年の月降水量の2倍を超えた地点があった。 死者13名、行方不明者1名、住家の被害7,910棟の被害が広範囲で発生。 国管理河川では6水系9河川、道県管理河川では38水系113河川で氾濫が発生したほか各地で内水氾濫も発生。 土砂災害は九州・中国・北陸地方を始め、各地で397件が発生（土石流等：29件、地すべり：9件、がけ崩れ：359件）。 高速道路6路線20区間、直轄国道3路線5区間、都道府県管理道路333区間で被災通行止めが発生。

死者・行方不明者数、家屋の全半壊等、床上浸水数、住家の被害などは、消防庁webサイト「災害情報一覧」（令和6年3月31日時点）から引用。

資料）国土交通省

○　近年、気候変動の影響により気象災害が激甚化・頻発化していることを踏まえ、国民の生命・財産を守り、社会の重要な機能を維持するため、防災・減災、国土強靱化の取組の加速化・深化を図る必要があることから、「防災・減災、国土強靱化のための5か年加速化対策」として、重点的・集中的に必要な対策を講じた。

○　流域治水プロジェクトに基づき、堤防整備や河道掘削等の河川整備に加え、雨水貯留浸透施設の整備や土地利用規制、利水ダムの事前放流など、あらゆる関係者の協働による治水対策に取り組んだ。

○　「既存ダムの洪水調節機能の強化に向けた基本方針（令和元年12月12日既存ダムの洪水調節機能強化に向けた検討会議決定）」に基づき、令和5年度の出水期は、全国延べ181ダムにおいて事前放流を実施し、ダムの水位を低下させて大雨や台風などによる出水に備えた。

○　浸水範囲と浸水頻度の関係を示す「水害リスクマップ（浸水頻度図）」について、外水氾濫を対象とした水害リスクマップを令和5年3月に国土交通省のウェブサイト[20]に公開するとともに、内水氾濫も考慮した内外水統合型の水害リスクマップの作成を進めている。

○　令和5年4月に「ハザードマップのユニバーサルデザインに関する検討会」の内容を取りまとめ、報告書「「わかる・伝わる」ハザードマップのあり方について」を公表するとともに、令和5年5月には「水害ハザードマップ作成の手引き」を改定し、全国の市町村へ対して、ユニバーサルデザイン化を促している。

○　また、「重ねるハザードマップ」を令和5年5月にリニューアルし、住所入力や現在地検索するだけでその地点の災害リスクや災害時にとるべき行動が文字で表示される機能を追加するなど、命に関わる情報を誰もが容易に把握できるように、ウェブサイトを改良した。

○　鵡川水系、沙流川水系、狩野川水系、九頭竜川水系、由良川水系、吉井川水系、旭川水系、肱川水系、大野川水系及び小丸川水系について、河川整備の長期計画である河川整備基本方針を気候変動の影響による将来の降雨量の増大を考慮するとともに、流域治水の観点も踏まえたものへと見直しを行った。

○　流域治水が水循環施策の一部を構成するものであることを踏まえ、流域水害対策計画等が策定されている流域においては、流域マネジメントと流域治水の連携等を促進するよう、「流域マネジメントの手引き」を令和6年1月に改定した。

○　行政とマスメディアやネットメディア等が連携して、それぞれが有する特性をいかした対応、連携策を進める「住民自らの行動に結びつく水害・土砂災害ハザード・リスク情報共有プロジェクト」や、各地方における行政やメディアによる「メディア連携協議会」を令和5年度も実施し、関係者の連携策と情報共有方策の具体化などを検討の上、メディアを通じて河川の増水や氾濫への注意喚起を呼び掛ける記者会見の取組など情報提供の充実を図った（**図表19、20**）。

20　https://www.mlit.go.jp/river/kasen/ryuiki_pro/risk_map.html

| 図表19 | 「住民自らの行動に結びつく水害・土砂災害ハザード・リスク情報共有プロジェクト」の取組概念図 |

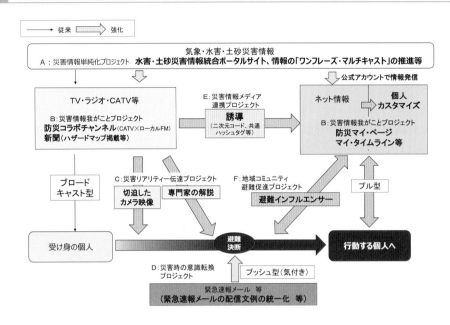

資料）国土交通省

| 図表20 | メディア連携協議会の構成 |

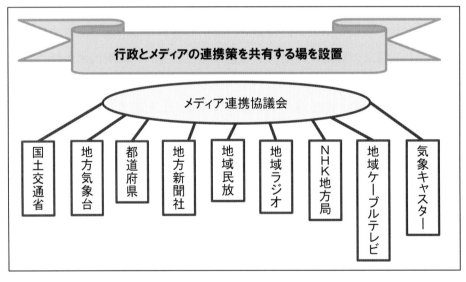

資料）国土交通省

○ 生態系を活用した防災・減災（Eco-DRR[21]）の推進のため、令和4年度に公表した生態系保全・再生ポテンシャルマップの作成・活用方法の手引[22]と全国規模のベースマップ等を基に、地方公共団体における計画策定や取組への技術的な支援を進めた。

---

21 Eco-DRR：Ecosystem-based Disaster Risk Reduction
22 https://www.env.go.jp/content/000133802.pdf

○　山地災害に関しては、被害を未然に防止し、軽減する事前防災・減災の考え方に立ち、地域の安全性の向上に資するため、治山施設を設置するなどのハード対策や、地域における避難体制の整備などのソフト対策と連携して、山地災害危険地区に関する情報を地域住民に提供するなどの取組を総合的に推進した。また、流域治水と連携しつつ、森林整備や治山施設の設置等を行い、浸透・保水能力の高い土壌を有する森林の維持・造成や流木対策を推進した。

○　土砂災害は、住民の「いのち」を奪う可能性が高い災害であると同時に、土砂の堆積などにより復旧や復興に多くの時間と労力を要し、地域の社会生活や経済活動など「くらし」に与える影響が大きな災害である。このため、豪雨などにより発生する土砂災害について、被害を最小限にとどめ地域の安全性の向上を図ることを目的として、砂防設備を整備することにより土砂・洪水氾濫や土石流及びこれらに伴う流木への対策を行うとともに、警戒避難体制の充実・強化等を行い、ハード・ソフト一体となった総合的な土砂災害対策を推進した。

○　農家と非農家の混住化が進む農村地域では、近年の宅地化等による流域開発に伴う排水量の増加、集中豪雨の発生頻度の増加等により、農地のみならず家屋・公共施設等においても浸水被害の発生が懸念されることから、農業生産性の維持・向上と併せ、地域の防災・減災力を向上させるため、排水機場の老朽化対策等の農業水利施設の機能回復・強化を図った。

○　「田んぼダム」は、水田の落水口に流出量を抑制するための堰板や小さな穴の開いた調整板などの器具を取り付けることで、水田に降った雨水を時間を掛けてゆっくりと排水し、水路や河川の水位の上昇を抑えることで、実施する地域の農地・集落や下流域の浸水被害リスクを低減するための取組である（**写真7**）。

○　「田んぼダム」に係る学識経験者、実務経験者、研究機関、農林水産省及び国土交通省から成る検討会における議論・意見を踏まえ、水田や降雨の条件を設定し、水田一筆からの流出量と田面水深の変化を計算できる「水田流出簡易計算プログラム[23]」を令和5年6月に公表し、「田んぼダム」の更なる取組を推進した。

写真7	「田んぼダム」の実例

資料）農林水産省

○　大雨の危機感を少しでも早く伝えるため、線状降水帯の発生をお知らせする「顕著な大雨に関する気象情報」について、令和5年5月から、予測技術も活用し、これまでより最大30分程度前倒しして発表する運用を開始した。

○　気象災害発生時の状況の振り返りや災害対応のシミュレーションなどに活用できるよう、近年

23　https://www.maff.go.jp/j/nousin/mizu/kurasi_agwater/ryuuiki_tisui.html

の主な気象災害発生時に気象庁ウェブサイトにおいて掲載していた防災気象情報や気象データを
まとめて閲覧できるページを、令和5年5月に公開[24]した。

○　気象庁防災対応支援チーム（JETT）を派遣するための気象台の体制を一層強化して、地方公
共団体の災害対策本部会議等において気象の見通しを説明することで救助・捜索活動を支援する
など、地方公共団体に対しきめ細かに解説を実施するとともに、市町村や住民の防災気象情報等
に対する理解促進の取組等を推進した。また、Web会議ツール等も活用して気象台の抱く危機
感を地方公共団体へ伝えるなど、切れ目なく地方公共団体の支援に取り組んだ。

○　数値予報技術等の改善を踏まえ、タイムラインに沿った地方公共団体の防災対応や住民の防災
行動をより適切に支援できるよう、令和5年6月から台風進路予報の予報円の大きさ及び暴風警
戒域を従来よりも絞り込んで発表する改善を実施した。

イ　大規模災害時等における水供給・排水システムの機能の確保等

社会インフラは国民生活及び産業活動を支える重要な基盤であり多岐にわたるが、例えば水インフ
ラにおいて、令和6年1月に発生した令和6年能登半島地震などの大規模災害時には、施設の被災や
エネルギー供給の停止に伴う水供給施設の広域かつ長期の断水や、汚水処理施設の機能停止が発生す
る等、脆弱性が顕在化した。

さらに、今後想定される大規模な災害の発生に際しては、水インフラが被災して、復旧に要する期
間が長期化した場合、水供給や排水処理に甚大な支障を来し、その結果、より深刻な衛生問題が発生
することや、地下水が汚染されることが懸念される。しかしながら、水インフラにおける耐震化など
の対策はいまだ十分とは言えない状況であるため、防災・減災対策を推進していかなければならない。

このことから、大規模災害時等に、国民生活や社会経済活動に最低限必要な水供給や排水処理が確
保できるよう、水インフラの被災を最小限に抑えるための耐震化等の推進、水道施設における他の系
統から送配水が可能となる水供給システムや貯留施設の整備、汚水処理施設におけるネットワークの
相互補完化、水インフラ復旧における相互応援体制整備や応急給水等の体制の強化、人材育成にもつ
ながる訓練の実施、業務（事業）継続計画（BCP）の策定とその実施、地下水等の一時利用に向けた
取組等を推進している。

水道事業等の災害発生時に備えた対応として、水道事業者等は応急給水・応急復旧の相互応援訓練
を公益社団法人日本水道協会の枠組み等において実施するとともに、応急資機材の確保状況などの情
報を共有し、体制整備を図っている。

また、同様に、工業用水道事業の災害時における対応として、全国的な応援活動を行える体制を整
備しており、全国7地域（東北、関東、東海四県・名古屋、近畿、中国、四国及び九州）で相互応援
体制を構築している。

大規模自然災害の発生又はおそれのある際に地方公共団体等を迅速かつ的確に支援することを目的
に、平成20年4月に創設した緊急災害対策派遣隊（TEC-FORCE）にて、被災状況の把握、被害の
拡大の防止、被災地の早期復旧等に対する技術的な支援等、被災地の復旧のための活動を実施してい
る。

農地・農業用施設に係る大規模災害時の対応として、農林水産省は、国立研究開発法人農業・食品

24　https://www.jma.go.jp/jma/press/2305/23a/20230523_disaster_info_review.html

産業技術総合研究機構（農村工学研究部門）の専門家を被災地に派遣し被災状況の緊急調査を行うとともに、被害の全容を早期に把握し技術的な助言・指導を行うため、農林水産省サポート・アドバイス・チーム（MAFF-SAT）を被災地に派遣する等、復旧工事の早期着手に向けた支援を行っている。

林野庁においては、山地災害発生時の対応として、MAFF-SATの派遣、国立研究開発法人森林研究・整備機構森林総合研究所等の専門家の派遣、地方公共団体や民間コンサルタント等と連携した災害調査、復旧方針の策定など被災地域の復旧・復興支援を行っている。

災害時を含め水質汚濁事故が発生した場合、特定事業場等の設置者は「水質汚濁防止法」に基づき事故時の措置についての都道府県等への報告が義務付けられており、これらの情報を都道府県等と国が共有し、連絡協力するための体制を構築している。

（河川）

○　令和5年度は17の災害に対して、延べ約2万7,700人・日のTEC-FORCEの派遣を行っている（**図表21**）。

図表21　TEC-FORCEの派遣実績

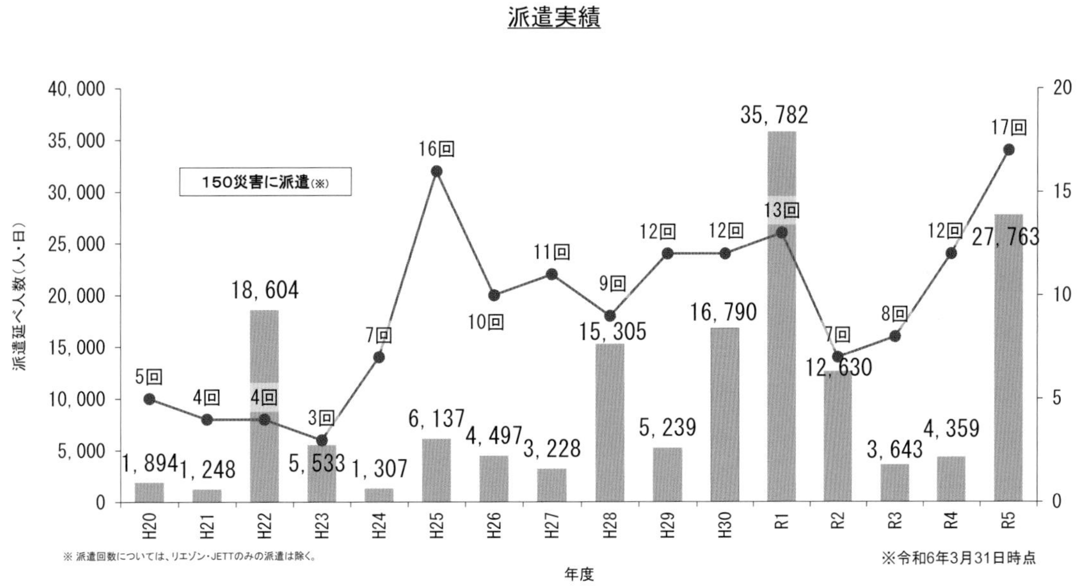

派遣実績

※派遣回数については、リエゾン・JETTのみの派遣は除く。
※令和6年3月31日時点

資料）国土交通省

○　このうち、令和5年6月29日からの大雨では、各地で土砂崩れや浸水等の被害が発生したため、中国、四国、九州、北陸及び北海道地方の地方公共団体へTEC-FORCE等を派遣し、リエゾン活動、JETTによる気象解説、湛水排除、給水支援、地理情報支援、被災状況調査など、被災地の復旧を支援した。

○　また、令和5年台風第7号では、京都府、鳥取県内で道路被災による孤立が発生したほか、土砂崩れや浸水等の被害が発生したため、近畿、中国地方の地方公共団体へTEC-FORCE等を派遣し、リエゾン活動、JETTによる気象解説、被災状況調査のほか、排水ポンプ車による湛水排除や、発災直後に防災ヘリによる広域被災状況調査を行い、映像等を地方公共団体と共有するこ

とで被害状況を把握するなどの支援を行った。

○ 令和6年能登半島地震に関する主な対応として市町等が所管する各種インフラ（道路、河川、砂防、海岸、鉄道、港湾、空港等）の被災状況調査を行い、復旧に向けた支援を行うため、石川県等の8県25市町に、延べ約2万4,800人・日のTEC-FORCEの派遣を行い、地方公共団体を支援した。

（下水道）

○ 大規模災害時等でも、生活空間での汚水の滞留や未処理下水の流出に伴う伝染病の発生、浸水被害の発生を防止するとともに、トイレ機能の確保を図る等、下水道の果たすべき機能を維持するため、下水道施設の耐震化や耐水化を図る「防災」と、「マンホールトイレ」の整備や、地震や水害、大規模停電等に対応した下水道BCPの策定など、被災を想定して被害の最小化を図る「減災」を組み合わせた総合的な災害対策を推進しており、地方公共団体が策定する下水道総合地震対策計画に位置付けられた地震対策事業に対し、防災・安全交付金等による支援を行った。

○ 令和6年能登半島地震での下水道に関する被害状況は、石川県の能登6市町において特に大きな被害が発生し、最大で下水処理場9か所、ポンプ場4か所が稼働停止した。管路でも広範囲にわたり被害が発生した。

○ 下水道の復旧支援のため、国土交通省や全国の地方公共団体の下水道職員、日本下水道事業団、民間事業者など延べ約3万500人・日が支援を実施した（令和6年3月末時点）。

○ 上下水道一体となった早期復旧を図るため、現地で復旧支援に携わる全国の水道・下水道職員が相互に連携を図り、優先地区の確認や工程調整を行い、水道の復旧に合わせた下水道の復旧を実施した。

○ 給水開始に遅れることなく応急復旧対応を実施する必要があることから、水道の復旧状況や通水状況、被災した地方公共団体のニーズを把握した上で、管路内閉塞物の除去作業や仮配管の設置等の応急復旧対応を実施した。

（水道）

○ 東日本大震災で得られた知見等を反映した「水道の耐震化計画等策定指針（平成27年6月）」、「水道の耐震化計画策定ツール（平成27年6月）」、「重要給水施設管路の耐震化計画策定の手引き（平成29年5月）」等を提供し、水道事業者等に対する技術的支援を引き続き行うとともに、水道施設の耐災害性強化に係る5か年の加速化対策に取り組んだ。また、水道施設の耐震化等に対応するため、地方公共団体が行う水道施設の整備の一部に対し、防災・安全交付金等による財政支援を行った。さらに、業務継続の観点を踏まえ、水道事業者等に対し、災害等の事象ごとに危機管理マニュアルの策定を行うよう指導を行った。

○ 水道施設が被災した場合、水道事業者等が、応急給水、応急復旧等の諸活動を計画的かつ効率的に継続できるように、「危機管理対策マニュアル策定指針」を作成するなどの技術的支援を行ってきた。これらにより水道事業者等においては、危機管理マニュアルを策定することに加え、応急給水・応急復旧の相互応援訓練を実施するとともに、応急資機材の確保状況などの情報を共有し、体制整備が図られている。

○　「新水道ビジョン（平成25年3月）」において、相互融通が可能な連絡管の整備や事故に備えた緊急対応的な貯留施設の確保を推進しており、生活基盤施設耐震化等交付金により水道事業者等に対し財政支援を行った。

○　令和6年能登半島地震では、新潟県、富山県、石川県、福井県、長野県及び岐阜県における6県38事業体の水道施設が被災し、最大で約13万6,440戸が断水した。最も多く断水が発生した石川県では、全断水戸数の約82％となる約11万2,420戸が断水した。今回の地震による水道施設の被害特徴としては、浄水場の破損や主要な送水管の破断などの甚大な被害が発生するとともに、配水管も広範囲に損傷したことが挙げられる。また、道路などのインフラ施設も甚大な被害が発生しており、浄水場等へのアクセスが困難な状況もあり、復旧に時間が掛かったことも特徴に挙げられる。

○　公益社団法人日本水道協会に対して、被災市町村等からの要請に応じて応急給水・応急復旧活動への協力を依頼した。くわえて、発災翌日（令和6年1月2日）から、厚生労働省職員を被災した石川県に派遣し、水道施設の被害状況などの情報収集を行うとともに、被災した水道事業者等が抱えている課題への対応を行った。

　　また、同協会の枠組みを活用し、被災した水道事業者等からの給水車の派遣要請に対して全国の水道事業者等から給水車が派遣され、被災地での応急給水を行った。くわえて、国土交通省や自衛隊による応急給水車活動も行われ、最大で148台の給水車による支援が行われた。一方で、水道施設を復旧し、早期に断水解消を図るため、同協会において、発災直後から石川県に入り、全国から支援に入る水道事業体を被災市町ごとに割当てを行い、応急復旧の支援体制を整えた。その上で、令和6年1月3日から、順次水道事業体や全国管工事業協同組合連合会に所属する管工事業者などの技術職員が現地に入り、被災した市町とともに漏水調査や水道施設の応急復旧工事を実施する等した。なお、最大で総勢632名が現地で復旧活動に取り組んだ。

　　新潟県、富山県、石川県、福井県、長野県及び岐阜県における33事業体で応急復旧を完了し、約12万7,900戸の断水を解消した。引き続き地方公共団体等と連携し、復旧に取り組む。

（農業水利施設）

○　大規模災害時等においても、農地等からの排水や農業用水の供給を継続できるようにする観点から、農業水利施設が有する必要最低限の機能を確保し、早期に復旧できるようにすることが重要であることから、施設の管理者に対してBCPの策定を促した。

○　令和5年に発生した災害に対し、28道府県へMAFF-SATを派遣し、被災状況を確認するとともに、被災状況に応じて用水供給を確保するための揚水ポンプの設置や湛水被害を速やかに解消するための排水ポンプの設置を実施した。

○　令和6年能登半島地震での農地・農業用施設等に関する被害状況は、新潟県、富山県、石川県、福井県、長野県及び岐阜県の6県で、農地は土砂流入や法面崩れ等1,317か所、農業用施設等は水路の破損等5,659か所の被害を確認（令和6年3月末時点）した。

○　令和6年能登半島地震に関する主な対応として、農地・農業用施設に関連する被災状況調査や技術支援を行うため、新潟県、富山県、石川県及び福井県に、農村振興技術者を中心に延べ7,491人・日のMAFF-SATの派遣を行い（令和6年3月末時点）、地方公共団体を支援した。

○ 令和6年1月25日に発表した「被災者の生活と生業(なりわい)支援のためのパッケージ」に基づき、農地・農業用施設等の災害復旧事業等により、早期復旧を支援した。また、農地海岸（七尾湾沿い等の7海岸）事業及び農地地すべり（輪島市）事業を県に代わって国が施行する直轄代行事業や、管水路の破損などの被害を受けた国営造成土地改良施設の復旧のための直轄災害復旧事業を実施しているところである。引き続き、地方公共団体と連携し、復旧に取り組む。

（森林）

○ 林野庁では、令和5年度に44道府県で発生した林地荒廃1,343か所、治山施設198か所、林道施設等1万980か所、木材加工流通施設55か所、特用林産施設等154か所の林野関係被害に対し、11県へ延べ340人・日のMAFF-SATを派遣し、大規模な山地災害の発生時においては、ヘリコプターを活用した被災状況調査や、航空レーザやドローンも活用しながら災害復旧等に向けた調査等を行い、被災地域の復旧対策に向けた技術的な支援を行った。

○ 令和6年能登半島地震での林野関係被害では、輪島市、珠洲市等で大規模な山腹崩壊などが発生し、被害箇所数は林地荒廃78か所、治山施設40か所、林道施設等709か所、木材加工流通施設43か所、特用林産施設等90か所に上り、被害総額は約226億円に達した。

○ 令和6年能登半島地震に関する主な対応として、林野庁では地震発生翌日から、近畿中国、中部、関東の各森林管理局による被害状況のヘリコプター調査を実施した。また、技術支援のためのMAFF-SATを派遣するとともに、MAFF-SAT内に林野庁及び森林管理局署の治山・林道技術者から成る「能登半島地震山地災害緊急支援チーム」を編成し、石川県と連携した避難所・集落周辺の森林や治山施設等の緊急点検を始め、復旧計画の作成等に向けた支援を行い、延べ約286人・日のMAFF-SATの派遣を行った。

○ 山地災害等の対応として、復旧整備については、緊急に対応が必要な珠洲市2か所及び志賀町1か所の山腹崩壊について令和6年1月に災害関連緊急治山事業を採択した。さらに、同年3月には、奥能登地域の大規模な山腹崩壊箇所等について、石川県の要請を踏まえ国直轄による災害復旧等事業の実施を決定した。このほか、治山・林道施設等については、MAFF-SATによる支援や全国から派遣された都道府県職員の協力の下、早期復旧に向けて、ドローン等も活用しながら効率的に調査を実施したとともに、治山施設等については災害査定を行った。また、被災者の生活と生業の再建に向けた支援策として、木材加工流通施設、特用林産振興施設等の復旧・整備等への支援、災害関連資金の特例措置を講じた。

（工業用水）

○ 工業用水道事業に関しては、大規模災害時における工業用水道事業の緊急時対応として、「工業用水道事業における災害相互応援に関する基本的ルール（一般社団法人日本工業用水協会）」に基づき、地域をまたぐ全国的な応援活動を行える体制を整備しており、令和3年3月末までに、全国7地域（東北、関東、東海四県・名古屋、近畿、中国、四国及び九州）で相互応援体制を構築した。一般社団法人日本工業用水協会と連携し、令和4年10月に改訂した当該ルールについて、周知を行った。また、応急復旧に必要な資機材に関する備蓄情報データベースを構築しており、情報共有を図っている。

○　災害時における工業用水の有効活用を進めるため、工業用水道事業担当者ブロック会議等を活用し、工業用水の更なる有効活用のための普及啓発に努めた。

○　令和6年能登半島地震での工業用水に関する被害状況は、富山県及び新潟県の工業用水道事業において漏水が発生するなど、一部の地域で被害が発生した。

○　令和6年能登半島地震により被害を受けた工業用水道施設の速やかな復旧を図るため、工業用水道事業を営む地方公共団体に対して、復旧に要する費用の一部を補助した。令和5年度予備費使用について令和6年3月1日に閣議決定した（0.6億円）。

（地下水）

○　SIPにおいて水循環モデルを用いて研究開発された「災害時地下水利用システム」で得られた知見等を活用し、平常時における地下水の収支や地下水の水量に関する挙動、地下水採取量に対する地盤変動の応答等を把握するための検討を推進した。【再掲】第2章（1）地下水に関する情報の収集、整理、分析、公表及び保存

○　令和6年能登半島地震時における七尾市の地下水活用状況を把握するため調査等を行い、生活用水としての活用事例についてウェブサイト[25]等で発信した（**写真8**）。

○　令和6年能登半島地震における経験を念頭に、地下水活用の有用性に関して、普及啓発に努めるとともに、今後他の地域の取組を踏まえ、代替水源としての利用を促進する。

（雨水）

○　令和6年能登半島地震時における能登空港ビルでの雨水の活用事例について調査し、ウェブサイト[26]で発信した（**写真9**）。

写真8	井戸（地下水）の活用事例

被災地の一部では、個人や学校によって井戸（地下水）が一般に開放され住民が利用。

資料）国土交通省

写真9	雨水の活用事例

整備済みの雨水利用施設を活用し、断水下で雨水をトイレ洗浄に利用。

資料）国土交通省

（水資源）

○　令和5年10月の「国土審議会水資源開発分科会調査企画部会」の「リスク管理型の水資源政策の深化・加速化について」提言に基づき、大規模堰等において、不測の大規模災害・事故による水供給リスクに備えた応急対応について検討を行った。

（その他）

○　令和6年能登半島地震時においては上下水道などの水インフラに甚大な被害が生じたため、民間企業等と連携し、被災地の生活用水等の確保を支援した（**写真10**）。今般の地震において、飲

25　https://www.mlit.go.jp/mizukokudo/mizsei/content/001731438.pdf
26　https://www.mlit.go.jp/mizukokudo/mizsei/content/001730898.pdf

用水や生活用水確保のために活用された各種技術について、今後事例集として整理し、大規模災害時における地方公共団体の水源確保等に際し参考となるよう提供する。

写真10	民間企業等と連携した生活用水等の確保（左：可搬式浄水装置[27]、右：洗濯機搭載車[28]）

資料）国土交通省

（3）水インフラの戦略的な維持管理・更新等

水インフラは、国民生活及び産業活動を支える重要な基盤である。戦後の昭和20年代から特に高度経済成長期以降に急速に整備され、戦後の復興と発展を支える重要な役割を果たしてきた。

しかし、近年、更新等が必要な時期を迎え老朽化した施設の割合が急速に増えており、今後、地震などの大規模災害の発生も想定した上で、老朽化した施設の戦略的な維持管理・更新や耐震化等を行い、リスクの低減に向けた取組を継続的に推進していく必要がある（**写真11、図表22、23、24、25**）。

写真11	利根大堰（おおぜき）の耐震工事（令和6年3月）

資料）独立行政法人水資源機構

図表22	水道管路経年化率[※]の推移

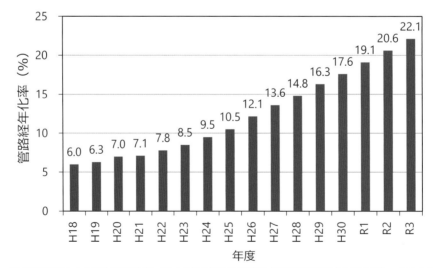

※全管路延長に占める法定耐用年数（地方公営企業法施行規則（昭和27年総理府令第73号）で定められた40年）を超えた延長の割合

資料）厚生労働省

[再掲]

27 被災地の断水時に浄水装置を用いて生活用水等の給水の支援等を実施。
28 被災地の断水時に洗濯機を搭載した車に給水の支援等を実施。

| 図表23 | 下水管路の布設年度別管理延長 |

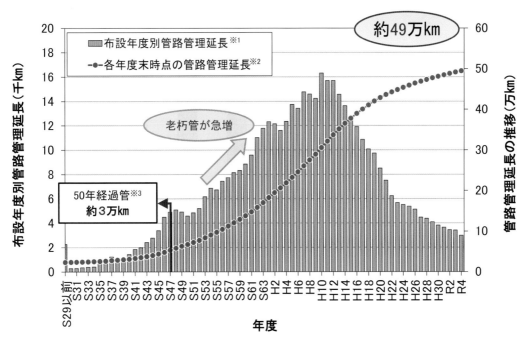

(注釈)
※1　布設年度別管路管理延長は、雨水開きょの延長（約0.8万km）及び布設年度が不明の管路管理延長（約1.3万km）を含んでいない。

※2　各年度末時点の管路管理延長は、雨水開きょの延長（約0.8万km）及び布設年度が不明の管路管理延長（約1.3万km）に当該年度までの各年度の布設年度別管路管理延長を加算した延長である。

※3　50年経過管の延長は、雨水開きょの延長（約0.8万km）及び布設年度が不明の管路管理延長（約1.3万km）を含んでいない。

資料）国土交通省

[再掲]

| 図表24 | 下水処理場の年度別供用箇所数 |

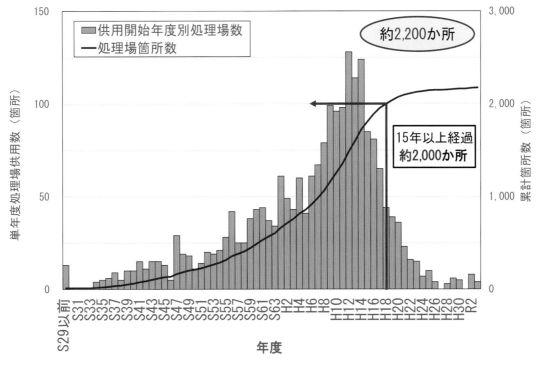

資料）国土交通省

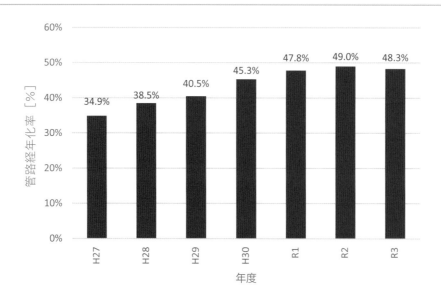

図表25　工業用水道の管路経年化率の推移

資料）経済産業省

ア　上下水道・工業用水道におけるストックマネジメント

　地方公共団体が主体となり実施されてきた水道事業、下水道事業、工業用水道事業等は、人口減少などの社会的状況の変化に伴う水使用量の減少等により料金収入等が必ずしも十分とは言えないものもあり、老朽化する施設の維持管理・更新に備え、事業基盤の強化を図ることが重要である。

　これらへの対応として、国や地方公共団体等は、「インフラ長寿命化計画」及び「個別施設毎の長寿命化計画（個別施設計画）」を策定し、これら計画に基づく戦略的な維持管理・更新を推進しているほか、必要に応じて施設の統廃合や規模の縮小、事業の広域化等による施設の再構築、経営の統合や管理の共同化・合理化、更に民間の資金力や技術力の活用を図るための官民連携の検討も推進している。

　また、水道の基盤強化を図り、将来にわたって安全な水を安定的に供給するため、「広域連携の推進」、「適切な資産管理の推進」及び「多様な官民連携の推進」を三本柱として、平成30年12月に「水道法（昭和32年法律第177号）」が改正された。特に「適切な資産管理の推進」については、水道施設の更新に要する費用を含めて事業の収支見通しを作成し、長期的な観点から水道施設の計画的更新に努める義務の創設により、必要な財源を確保した上で、水道施設の更新や耐震化を着実に進展させ、地震などの災害に強い水道の構築を図ることとした。くわえて、適切な資産管理の前提となる水道施設の台帳整備等を義務付けた。

　下水道においては、平成27年の「下水道法」改正により、持続的なマネジメントの強化に向けて、下水道施設の適切な点検を規定した維持修繕基準を創設するとともに、事業計画の記載事項として、点検の方法や頻度について記載することとした。また、このような適正な施設管理を進めるため、点検・調査、修繕・改築の計画策定から対策実施まで、一連のプロセスを対象に「個別最適」ではなく、「全体最適」に基づくストックマネジメントの手法や考え方についてガイドラインを示すとともに、財政面の支援も行っている。

　工業用水道においては、今後増大する施設の老朽化対策及び耐震化事業が合理的かつ適切に実施さ

れるとともに確実な事業経営を目指すよう、平成25年3月に「工業用水道施設　更新・耐震・アセットマネジメント指針」を策定し、工業用水道事業費補助金において、平成28年4月から実施する新規事業については、当該指針に基づく計画を策定していることを補助採択の要件とし、耐震化・浸水・停電対策を促進している。

(水道)

○　水道事業者等による個別施設計画の策定が着実に進むよう、個別施設計画の策定状況のフォローアップを行った。

○　水道事業者等がアセットマネジメントを実施する際に参考となる手引や簡易支援ツール、好事例集のほか、水道施設の点検を含む維持・修繕に当たって参考となるガイドラインや新技術の事例集、水道施設台帳の義務、水道施設の計画的な更新等の努力義務について周知することで適切な資産管理を促進した。

○　また、令和3年10月に発生した和歌山市における水管橋崩落事故を受け、水管橋等の維持・修繕を充実し、事故の再発防止を図るため、令和5年3月に「水道法施行規則（昭和32年厚生省令第45号）」の一部を改正し、コンクリート構造物に適用されている点検頻度（おおむね5年に1回以上）や、点検・修繕記録の保存等の基準について、水管橋等に対しても適用するとともに、新技術を積極的に活用する観点から、目視による点検だけではなく、目視と同等以上の方法による点検も可能であることを明確化した。

○　公共の施設とサービスに民間の知恵と資金を活用する手法であり、新しい資本主義の中核となる新たな官民連携の柱となるPPP/PFIについて、令和5年6月2日、「PPP/PFI推進アクションプラン（令和5年改定版）（令和5年6月2日民間資金等活用事業推進会議決定）」を公表し、事業件数10年ターゲットの設定、新分野の開拓、PPP/PFI手法の進化・多様化等を盛り込んだ。その中で、水道、下水道及び工業用水道分野において、コンセッション方式[29]と、同方式に準ずる効果が期待できる管理・更新一体マネジメント方式[30]を総称するものとして、新たにウォーターPPPを定義した。

○　水道事業における官民連携の導入に向けた調査、検討に関する事業を引き続き実施した。具体的には、官民連携の導入を検討している地方公共団体を対象に、国がコンセッション方式を含めた官民連携の導入可能性の検討を行う等、具体的な案件形成に向けた取組を推進できるよう支援を行った。その他、水道分野における官民連携推進協議会を開催し、ウォーターPPP等に関する国の取組状況について情報提供を行うとともに、先行的に取り組んでいる事例を紹介すること等により、地方公共団体による官民連携事業の活用を促進した。

○　業務の効率化や適切な維持管理の観点から、水道事業者等による水道施設台帳の電子化や管路情報をデータベース化したマッピングシステムの導入等のデジタル化を推進した。その結果、マッピングシステムを整備している水道事業者等は全体の約93%（令和4年3月時点）となっている。

29　公共施設等運営事業。
30　水道、下水道、工業用水道分野において、公共施設等運営事業に段階的に移行するための官民連携方式として、長期契約で管理と更新を一体的にマネジメントする方式。

（下水道）

○ 地方公共団体の下水道施設全体を一体的に捉えた計画的な老朽化対策の実施に向けた支援方策として、平成28年度に創設した「下水道ストックマネジメント支援制度」により、計画的な改築事業や必要な点検・調査について交付金による財政支援を実施するとともに、研修等による事業制度の周知など、積極的な情報発信を行うことで、ストックマネジメントの取組を促進した。

○ 令和5年6月2日に公表された「PPP/PFI推進アクションプラン（令和5年改定版）」の中で、水道、下水道及び工業用水道分野において、コンセッション方式と、同方式に準ずる効果が期待できる管理・更新一体マネジメント方式を総称するものとして、新たにウォーターPPPを定義した。

○ 下水道分野において、ウォーターPPPの導入を検討する地方公共団体に対する定額補助を創設するとともに、地方公共団体等向けの説明会において情報提供や意見交換を実施し、地方公共団体に対する支援の充実や枠組みに関する周知に積極的に取り組んだ。

○ 濁った水の水面下となり調査が困難である管路内面の腐食やクラックの状況について、水中ドローンと高輝度LEDを組み合わせた技術で可視化する点検・診断技術の研究を推進した。

（工業用水）

○ 地域において開催された「工業用水道事業担当者ブロック会議」において、「経済産業省インフラ長寿命化計画（行動計画）（令和4年3月改訂）」の周知を行うとともに、当該会議において、工業用水道事業者に対し、行動計画及び工業用水道事業の個別施設計画の策定と更新を要請した。

○ 工業用水道事業担当者等を対象として工業用水道基礎研修を開催し、「工業用水道施設　更新・耐震・アセットマネジメント指針」の理解醸成を図り、工業用水道事業者における更新・耐震化計画の策定を推進した。

○ 令和5年6月2日に公表された「PPP/PFI推進アクションプラン（令和5年改定版）」の中で、水道、下水道及び工業用水道分野において、コンセッション方式と、同方式に準ずる効果が期待できる管理・更新一体マネジメント方式を総称するものとして、新たにウォーターPPPを定義した。【再掲】

○ 工業用水道事業において、経済産業省と厚生労働省が共同で開催する「水道分野における官民連携推進協議会」においてウォーターPPPについて情報提供を行い、ウォーターPPP等の導入検討を促進するとともに、ウォーターPPPの導入検討に資するよう、「工業用水道事業におけるPPP/PFI導入の手引書」を改訂した。

イ　農業水利施設におけるストックマネジメント

　頭首工や農業用用排水路などの農業水利施設は、我が国の安定的な食料供給に資する重要な水インフラであるが、老朽化が進行する中、機能の保全と次世代への継承が重要な課題となっている。基幹的農業水利施設は、その多くが戦後から高度経済成長期にかけて整備されてきたことから、更新等が必要な施設が多数存在し、標準耐用年数を超過している施設数は、全国で全体の約5割（令和3年度時点）となっている（**図表26**）。

　また、経年的な劣化による農業水利施設の突発的な事故の発生も増加傾向にあり、施設の将来にわたる安定的な機能の発揮に支障が生じることが懸念されている（**図表27、28**）。

　このため、今後の基幹的農業水利施設の保全や整備においては、施設全体の現状を把握・評価し、中長期的に施設の状態を予測しながら施設の劣化とリスクに応じた対策を計画的に実施する必要があることから、ストックマネジメントにより、施設の長寿命化を図るとともに、維持管理費や将来の更新費用を考慮したライフサイクルコストの低減を図る取組を行う必要がある。また、ストックマネジメントを効率的かつ効果的に行うため、機能診断及び機能保全計画の策定の加速、機能診断結果や補修履歴などの施設情報の共有化並びに補修・補強における新技術の開発と現場への円滑な導入が検討されている。

図表26	基幹的農業水利施設の老朽化状況（令和３年度）

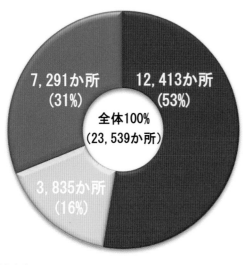

- ■ 既に標準耐用年数を超過した施設
- ▨ 今後10年のうちに標準耐用年数を経過する施設
- ▨ 10年後も標準耐用年数を超過しない施設

資料）農林水産省

図表27	農業水利施設における突発事故の発生件数の推移

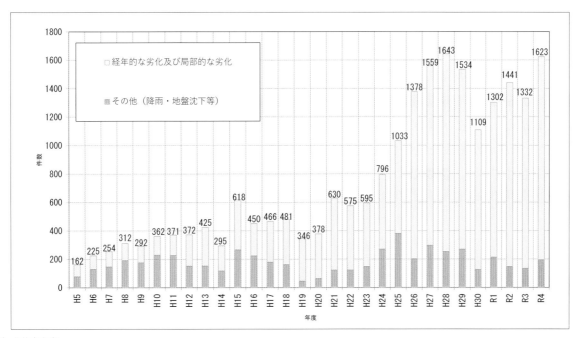

資料）農林水産省

| 図表28 | 耐用年数を迎える基幹的農業水利施設数（基幹的施設及び基幹的水路の施設数） |

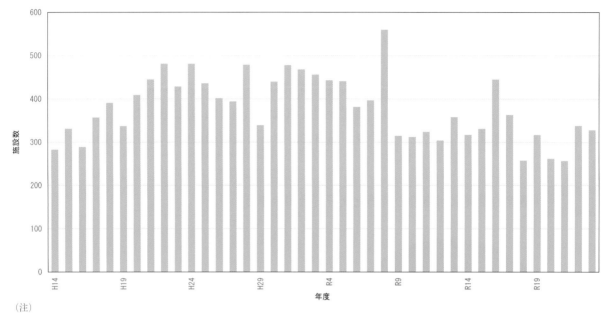

（注）
1. 基幹的農業水利施設は、農業用用排水のための利用に供される施設であって、その受益面積が100ha以上のもの。
2. 推計に用いた各施設の標準耐用年数は、「土地改良事業の費用対効果分析に必要な諸係数について」による標準耐用年数を利用しており、おおむね以下のとおり。
貯水池：80年、取水堰（頭首工）：50年、水門：30年、用排水機場：20年、水路：40年　など

資料）農林水産省

○　農業水利施設の老朽化が進行する中、ドローン等のロボットやICT等も活用しつつ、施設の点検、機能診断、監視等を通じた計画的かつ効率的な補修・更新等により、施設を長寿命化し、ライフサイクルコストの低減を図った。

○　農業用用排水路等の泥上げ・草刈り、軽微な補修、長寿命化、水質保全などによる農村環境保全など地域資源の適切な保全管理等のための地域の共同活動を多面的機能支払交付金により支援した。

ウ　河川管理施設におけるストックマネジメント

樋門、水門、排水機場等の河川管理施設については、洪水時等に所要の機能を発揮できるよう、施設の状態を把握し適切な維持管理を行う必要がある。河川整備の推進により管理対象施設が増加してきたことに加え、今後はそれら施設の老朽化が加速的に進行する中、「河川法（昭和39年法律第167号）」では、管理者が施設を良好な状態に保つように維持・修繕し、施設の点検を適切な頻度で行うことが規定されている（**図表29**）。

図表29	河川管理施設数（国土交通省管理）の推移

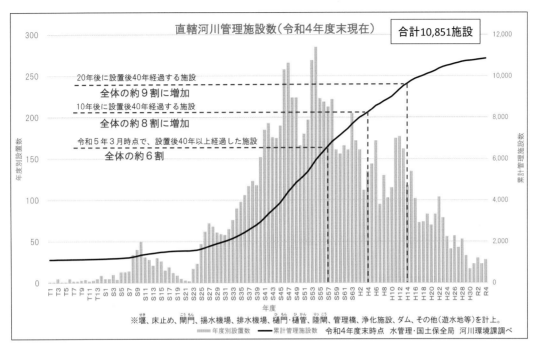

資料）国土交通省

○　これまで目視等により実施していた河川巡視について、ドローンと画像解析技術を活用し異常箇所を自動解析することで、河川巡視を高度化、効率化及び省力化し、安全性を向上させることを目指しており、令和5年度はドローンと画像解析技術を活用した河川巡視ツールの構築に着手した。

○　物流分野の担い手不足等の状況の下、地上の構造物や上空の障害物が比較的少ない河川上空のドローン物流への活用が期待されていることから、河川上空でのドローン物流の円滑な航行を支援するため、令和5年3月に公表した「ドローンを活用した荷物等配送に関するガイドラインVer.4.0[31]」を補完し、河川上空におけるドローン物流の航行、及びその航行に必要な施設を整備する際の手続などについてまとめた「ドローン物流における河川上空の活用円滑化に向けた基本的考え方（標準案）（Ver.1.0）」を令和6年3月に公表[32]した。

○　河川の水量及び水質について、河川整備基本方針等において河川の適正な利用、流水の正常な機能の維持及び良好な水質の保全に関する事項を定め、河川環境の適正な保全に努めた。また、ダム等の下流の減水区間における河川流量の確保や、平常時の自然流量が減少した都市内河川に対し下水処理場の再生水の送水等を行い、その河川流量の回復に取り組んだ。また、水環境の悪化が著しい河川等における底泥浚渫などの水質浄化対策に取り組んでいる。

31　https://www.mlit.go.jp/report/press/tokatsu01_hh_000675.html
32　https://www.mlit.go.jp/report/press/mizukokudo04_hh_000227.html

（4）水の効率的な利用と有効利用

ア　水利用の合理化

　生活用水については、漏水防止対策の進展によって、上水道事業における有効率[33]は92.6％（令和3年度水道統計）と極めて高い水準にある。

　農業用水については、取水口の更新や遠方監視・制御システムの導入により、施設の管理労力の大幅な削減を図るとともに、安定的な用水供給と地域全体への公平な用水配分を実現している。

　○　農業構造や営農形態の変化に対応した水管理の省力化や水利用の高度化を図るため、水路のパイプライン化などの農業水利施設の整備を図るとともに、ICTの活用による水源から農地まで一体的に連携した水管理システムの構築に向けて検討を行った。

イ　雨水<ruby>雨水<rt>あまみず</rt></ruby>・再生水の利用促進

　水資源の有効利用という観点から、雨水（あまみず）や下水処理水（再生水）の利用を積極的に推進している。

（雨水（あまみず）利用）

　○　平成26年5月に施行された「雨水（あまみず）の利用の推進に関する法律（平成26年法律第17号）」に基づき、国、地方公共団体等はその区域の自然的社会的条件に応じて、雨水（あまみず）の利用の推進に関する施策を講じるとともに、広報活動等を通じた普及啓発を推進している。

　○　「雨水（あまみず）の利用の推進に関する法律」に基づき、国、独立行政法人等が、建築物を新たに建設するに当たり、その最下階床下等に雨水（あまみず）の一時的な貯留に活用できる空間を有する場合には、原則として、自らの雨水（あまみず）の利用のための施設を設置するという目標を掲げている。「雨水（あまみず）利用推進関係省庁等連絡調整会議」の開催等を通じて雨水利用施設の設置を推進しており、令和4年度に国、独立行政法人等が建設した、雨水利用施設を設置した建築物について、「雨水（あまみず）の利用の推進に関する法律」に基づき定められた目標を達成した（令和5年12月公表）。

　○　「令和5年度雨水（あまみず）利用推進関係省庁等連絡調整会議」及び令和5年度雨水（あまみず）利用に関する地方公共団体職員向けセミナーにおいて、国、地方公共団体における災害時等における雨水（あまみず）の利用の推進を促した。

　○　令和5年度雨水（あまみず）・再生水利用施設実態調査を実施し、雨水利用施設に関する基準、評価等の実態を調査し、公表した。

（再生水利用）

　○　新世代下水道支援事業制度等により、せせらぎ用水、河川維持用水、雑用水、防火用水などの再生水の多元的な利用拡大に向け、財政支援を行った。

　○　我が国が設立を主導した国際標準化機構（ISO[34]）専門委員会（TC[35]282（水の再利用））にお

33　浄水場から送水した水量に対して、水道管からの漏水量等を除き有効に給水された水量の割合。
34　ISO：International Organization for Standardization
35　TC：Technical Committee

いて、再生水処理技術の性能評価に関する規格として、再利用膜のグレード分類に関する規格の開発を行った。

○　再生水の農業利用を推進するため、農業集落におけるし尿、生活雑排水などの汚水を処理する農業集落排水施設の整備、改築を推進した。

ウ　節水

限られた水資源を効率的に利用する観点から、節水の取組を推進している。

○　更なる節水に対する取組を促進するため、ウェブサイト「渇水情報総合ポータル」内に具体的な節水の取組を掲載し、水を賢く使う意識を醸成するための普及啓発を実施した。

エ　その他

○　半導体等の戦略分野に関する国家プロジェクトの生産拠点の整備に際しても水の有効利用は重要になることから、下水道、工業用水等の関連インフラの整備を機動的かつ追加的に支援するため、新たな交付金「地域産業構造転換インフラ整備推進交付金」を創設した。

(5) 水環境

これまで、国民の健康を保護し、生活環境を保全することを目的として、公共用水域及び地下水における水質の目標である環境基準を設定し、これを達成するための排水対策、地下水汚染対策などの取組を進めることにより、水質汚濁を着実に改善してきた。また、PFOS、PFOA等については、「PFAS[36]に対する総合戦略検討専門家会議」での議論を踏まえ、国民の安全・安心に向けた取組を推進してきた。一方で、湖沼や閉鎖性海域で環境基準を満たしていない水域の水質改善、地下水の汚染対策、生物多様性及び適正な物質循環の確保等、水環境には依然として残された課題も存在している。

これらの課題にも対応するため、健全な水循環の維持又は回復のための取組を総合的かつ一体的に推進し、各分野を横断して関係する行政などの公的機関、事業者、団体、住民等がそれぞれ連携し、引き続き息の長い取組が必要である。

公共用水域の水質を改善するためには汚水処理人口普及率を上昇させることが重要となる。このため、持続的な汚水処理システムの構築に向け、下水道、農業集落排水施設及び浄化槽のそれぞれの有する特性、経済性等を総合的に勘案して、効率的な整備・運営管理手法を選定する都道府県構想に基づき、適切な役割分担の下での生活排水対策を計画的に実施した（**図表30**）。

これらの取組の結果、河川における水質環境基準（BOD[37]）の達成率は、95％付近で高い水準を保っており、現在では相当程度の改善が見られるようになっている。一方、湖沼の水質環境基準（COD[38]）の達成率は平成14年度までは40％台を横ばいで推移しており、平成15年度に初めて50％を超えたものの、それ以降50％～60％程度と達成率は低い状況である（**図表31**）。

36　ペルフルオロアルキル化合物及びポリフルオロアルキル化合物の総称。
37　生物化学的酸素要求量。
38　化学的酸素要求量。

| 図表30 | 処理施設別汚水処理人口普及状況 |

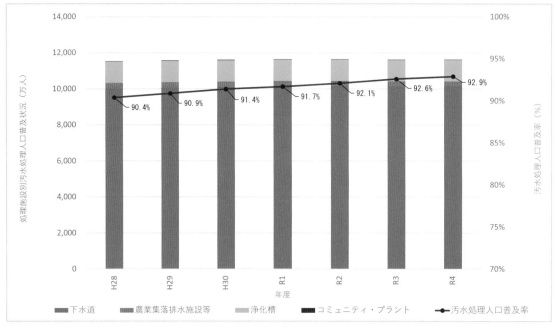

資料）環境省

| 図表31 | 環境基準達成率の推移（BOD又はCOD） |

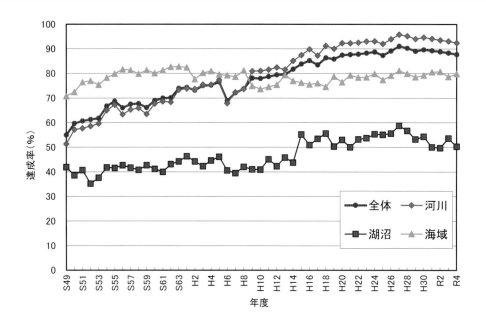

資料）環境省

（水量と水質の確保の取組）

○　河川の水量及び水質について、河川整備基本方針等において河川の適正な利用、流水の正常な機能の維持及び良好な水質の保全に関する事項を定め、河川環境の適正な保全に努めた。また、ダム等の下流の減水区間における河川流量の確保や、平常時の自然流量が減少した都市内河川に

対し下水処理場の再生水の送水等を行い、河川流量の回復に取り組んだ。

　　また、水質の悪化が著しい河川等においては、地方公共団体、河川管理者、下水道管理者等の関係機関が連携し、河川における浄化導水、植生浄化、底泥浚渫<ruby>浚渫<rt>しゅんせつ</rt></ruby>などの水質浄化や下水道等の生活排水対策など、水質改善の取組を実施した。

（環境基準・排水規制等）

○　公共用水域及び地下水の水質汚濁に係る環境基準の設定、見直し等について適切な科学的判断を加えて検討を行った。

○　平成27年度に生活環境の保全に関する環境基準として追加された底層溶存酸素量について、国が類型指定することとされている水域の検討を行った。

○　工場・事業場からの排水に対する規制が行われている項目のうち、六価クロム化合物の一般排水基準等を強化し、また、大腸菌群数をより的確にふん便汚染を捉えることができる大腸菌数へ改めることとし、「水質汚濁防止法施行規則等の一部を改正する省令（令和6年環境省令第4号）」を令和6年1月に公布した。なお、これらの項目について一般排水基準を直ちに達成することが困難であるとの理由により暫定排水基準が適用されている業種の見直し検討を行った。

（汚濁負荷削減等）

○　持続的な汚水処理システムの構築に向け、下水道、農業集落排水施設及び浄化槽のそれぞれの有する特性、経済性等を総合的に勘案して、効率的な整備・運営管理手法を選定する都道府県構想に基づき、適切な役割分担の下での生活排水対策を計画的に実施した。【再掲】

○　合流式下水道の雨天時越流水による汚濁負荷を削減するため、合流式下水道緊急改善事業制度等を活用し、雨水滞水池の整備等の効率的・効果的な改善対策を推進した。

○　みなし浄化槽（いわゆる単独処理浄化槽）から合併処理浄化槽への転換について、循環型社会形成推進交付金により転換費用の支援を実施するとともに、単独転換やくみ取り転換に必要な宅内配管工事費用及び撤去費についても支援を実施した。また、公共浄化槽制度を活用した転換促進策を推進するため、「公共浄化槽整備・運営マニュアル」を令和5年3月に公表し、同マニュアルの説明会や公共浄化槽事業に取り組む地方公共団体に対する個別の支援を実施した。

○　更なる転換促進に向けて、改正「浄化槽法（昭和58年法律第43号）」に定める特定既存単独処理浄化槽[39]に対する指導や措置が進むよう、特定既存単独処理浄化槽の判定指針の明確化等の検討を行った。

○　国営環境保全型かんがい排水事業の実施により、牧草の生産性向上を図るためのかんがい排水施設の整備と併せて、地域の環境保全を図るための取組を実施した（**図表32**）。具体的には、家畜ふん尿に農業用水を混合し、効果的に農地に還元するための肥培かんがい施設の整備や、浄化機能を有する排水施設の整備を実施し、農用地等から発生する土砂や肥料成分等の汚濁負荷軽減に取り組んだ。

39　そのまま放置すれば生活環境の保全及び公衆衛生上重大な支障が生ずるおそれのある状態にあると認められる単独処理浄化槽。

図表32	国営環境保全型かんがい排水事業の整備イメージ図

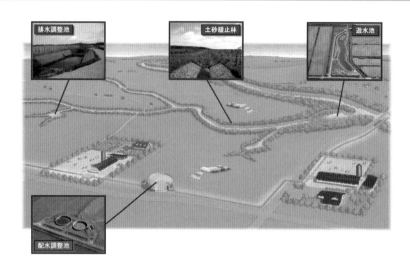

資料）農林水産省

○　地下水の水質汚濁に係る環境基準項目において特に継続して超過率が高い状況にある硝酸性窒素及び亜硝酸性窒素に対し、生活排水の適正な処理、家畜排せつ物の適正な管理、適正で効果的・効率的な施肥を行うことによる汚濁負荷の軽減を図る必要がある。「硝酸性窒素等地域総合対策ガイドライン[40]（令和3年3月）」を活用し、専門家とともに地下水の挙動、汚染状況、有効な対策等について技術的な支援等を実施した。また、各都道府県及び「水質汚濁防止法」第28条の規定に基づき事務を行う政令市を対象にした説明会を開催し、地方公共団体の取組の紹介や「硝酸性窒素等地域総合対策ガイドライン」の周知を図った。

○　河川・湖沼におけるマイクロプラスチックの分布実態の把握に資するため、国内7河川・1湖沼において「河川・湖沼マイクロプラスチック調査ガイドライン（令和5年3月）」に沿った調査を行った。また、湖沼については調査方法について補助法の検討を行い、同ガイドラインに追記を行った上で令和6年3月に改訂した。

（浄化、浚渫等）

○　水質の悪化が著しい河川等においては、地方公共団体、河川管理者、下水道管理者等の関係機関が連携し、河川における浄化導水、植生浄化、底泥浚渫などの水質浄化や下水道等の生活排水対策など、水質改善の取組を実施した。

○　侵食を受けやすい特殊土壌が広範に分布している農村地域において、農用地及びその周辺の土壌の流出を防止するため、承水路[41]や沈砂池[42]等の整備、勾配抑制、法面保護等を実施した。

（湖沼、閉鎖性海域等の水環境改善）

○　湖沼や閉鎖性海域等における水質改善を図るため、下水処理場の改築・更新時における高度処理の導入に加えて、既存施設の一部改造や運転管理の工夫等による段階的高度処理の導入に関す

40　https://www.env.go.jp/water/chikasui/post_91.html
41　背後地からの水を遮断し、区域内に流出させずに排水するための水路。
42　取水又は排水の際に、流水とともに流れる土砂礫を沈積除去するための施設。

る取組を推進した。

○ 循環型社会形成推進交付金により、窒素又はリン対策を特に実施する必要がある地域において高度処理型の浄化槽の整備支援を実施した。

○ 湖沼の水質、水生生物、水生植物、水辺地等を含む水環境の適正化を目指し、湖沼環境の改善に向けたモデル事業を地方公共団体に委託実施し、水質改善等の効果の検証を行った。

○ 情報共有会議を開催するなど、豊かな海の再生や生物の多様性の保全に向け、下水処理場において、冬期に下水放流水に含まれる栄養塩類の濃度を上げることで、不足する窒素やリンを供給する能動的運転管理の取組を推進した。

○ 水田かんがい用水等の反復利用により汚濁負荷を削減し、湖沼等の水質保全を図るため、循環かんがいに必要な基幹的施設（ポンプ場、用排水路等）の整備を実施した。

○ 全国88の閉鎖性海域を対象とした窒素及びリンの排水規制並びに東京湾、伊勢湾及び瀬戸内海を対象とした水質総量削減制度に基づくCOD、窒素及びリンの削減目標量の達成に向けた取組を推進した。

また、「瀬戸内海環境保全特別措置法（昭和48年法律第110号）」の基本理念に基づく、瀬戸内海を豊かな海とするための取組の一環として、「令和の里海づくり」モデル事業を実施し、藻場・干潟の保全・再生・創出と地域資源の利活用の好循環を図ることを目的にした里海づくりに取り組む団体の伴走支援を行った。

くわえて、令和3年の同法改正において新たに規定された、海域ごと、季節ごとのきめ細かな栄養塩類の管理を可能とする栄養塩類管理制度について、円滑な運用を図るため、瀬戸内海関係府県の栄養塩類管理計画の策定に対し補助による支援を行った。

さらに、「有明海・八代海等総合調査評価委員会」での再生に係る評価に必要な調査や科学的知見の収集等を進め、審議の支援を図った。

（技術開発・普及等）

○ 適用可能な段階にありながら、環境保全効果等について客観的な評価が行われていないために普及が進んでいない先進的環境技術を普及するため、湖沼・閉鎖性海域における水質浄化技術も対象とする環境技術実証事業を実施した。

○ ダム下流の河川環境の保全等のため、洪水調節に支障を及ぼさない範囲で洪水調節容量の一部に流水を貯留し、これを適切に放流するダムの弾力的管理や、河川の形状（瀬・淵等）等に変化を生じさせる中規模フラッシュ放流を行った。あわせて、ダム上流における堆砂を必要に応じて下流河川に補給する土砂還元に努めた。

○ 高効率で効果的な水処理技術の開発のため、下水道革新的技術実証事業において、既存最初沈殿池を高効率エネルギー回収型沈殿池へ改良し、高効率に下水エネルギーを回収する技術や深槽反応タンクの底部に散気装置を設置する省エネ型深槽曝気技術について、下水道施設での実証を行った。

（地域活動等）

○ 地域共同で取り組む、農業用用排水路、ため池等における生物の生息状況や水質等のモニタリ

ング、ビオトープづくりなどの水環境の保全に係る活動に対して支援を行った。

■（6）水循環と生態系

　森林、河川、農地、都市、湖沼、沿岸域等をつなぐ水循環は、国土における生態系ネットワークの重要な基軸である。そのつながりが、在来生物の移動分散と適正な土砂動態を実現し、それによって栄養塩を含む、健全な物質循環が保障され、沿岸域においてもプランクトンのみならず、動植物の生息・生育・繁殖環境が維持される。

　また、水循環は、食料や水、気候の安定など、多様な生物が関わり合う生態系から得られる恵みである生態系サービスとも深い関わりがある。流域における適正な生態系管理は、生物の生息・生育・繁殖環境の保全という観点だけでなく、水の貯留、水質浄化、土砂流出防止並びに海、河川及び湖沼を往来する魚類などの水産物の供給など、流域が有する生態系サービスの向上と健全な水循環の維持又は回復に資するものである。これらの背景を踏まえ、河川及びダム湖、湖沼・湿原、沿岸域及びサンゴ礁の各生態系において、生物の生息・生育状況に関する定期的・継続的な調査、モニタリングを実施している。

（調査）

- ○ 「河川水辺の国勢調査」等により、河川、ダム湖における生物の生息・生育・繁殖状況等について定期的かつ継続的に調査を実施した。
- ○ 全国を対象とした淡水魚類分布調査を実施している（令和4年度から現在まで実施中、令和7年度までの予定）。また、自然環境の現状と変化を把握する「モニタリングサイト1000（重要生態系監視地域モニタリング推進事業）」により、水循環に関わる生態系である湖沼・湿原、沿岸域及びサンゴ礁生態系に設置された約300か所の調査サイトにおいて、多数の専門家や市民の協力の下で湿原植物や水生植物の生育状況、水鳥類や淡水魚類、底生動物、サンゴ等の生息状況に関するモニタリング調査を行った。

（データの充実）

- ○ 市民等の協力を得て全国の生物情報の収集及び共有を図るためのシステム「いきものログ」を引き続き運用した。また、「モニタリングサイト1000（重要生態系監視地域モニタリング推進事業）」において実施した調査結果を取りまとめ、ウェブサイト[43]で公開した。
- ○ 国や地方公共団体の自然系の調査研究を行っている機関から構成される「自然系調査研究機関連絡会議（NORNAC（ノルナック））」を会場とオンラインの併用にて開催し、構成機関相互の情報交換・共有を促進し、ネットワークの強化を図り、科学的情報に基づく自然保護施策の推進に努めた。

（生態系の保全等）

- ○ 令和5年12月に、東アジア・オーストラリア地域における渡り性水鳥保全のための国際的枠

43　https://www.biodic.go.jp/moni1000/findings/reports/index.html

組みである東アジア・オーストラリア地域フライウェイ・パートナーシップ（EAAFP）の国内関係者を対象とする、「EAAFP渡り性水鳥フライウェイ全国大会」を宮城県伊豆沼・蕪栗沼にて開催した。EAAFP事務局長を交えて、全国各地の渡り性水鳥や湿地保全の取組について情報共有・意見交換が行われた。これにより、湿地間のネットワークの構築及び国際的な連携協力の重要性について、参加者の意識を向上させることにつながった。

○ 令和6年1月にアメリカ合衆国ハワイ州・ホノルルで日米渡り鳥等保護条約会議を約5年ぶりに開催し、日米における渡り鳥等の保全施策及び調査研究に関する情報共有のほか、日米での今後の協力の在り方に関する意見交換を行い、次回会議までに取り組む事項等を確認した。

○ 平成28年4月に公表した「生物多様性の観点から重要度の高い湿地[44]」について、その生物多様性保全上の配慮の必要性について普及啓発を行った。

○ 河川全体の自然の営みを視野に入れ、地域の暮らしや歴史・文化との調和にも配慮し、河川が本来有している生物の生息・生育・繁殖環境及び多様な河川景観を保全、創出するために河川管理を行う多自然川づくりを推進した。

○ 生態系を活用した防災・減災（Eco-DRR）の推進のため、令和4年度に公表した生態系保全・再生ポテンシャルマップの作成・活用方法の手引と全国規模のベースマップ等を基に、地方公共団体等に対する計画策定や取組への技術的な支援を進めた。【再掲】

○ 生物多様性の保全や地域振興・経済活性化に資する生態系ネットワークの形成を推進するため、学識者、地方公共団体、市民団体等が参加する「第8回水辺からはじまる生態系ネットワーク全国フォーラム」を令和5年11月に開催した。

○ 河川、湖沼等における生態系の保全・再生のため、自然再生事業を全国6地区で実施するとともに、地方公共団体が行う自然再生事業を自然環境整備交付金により3地区で支援した。

また、河川、湖沼等を対象とした国内希少野生動植物種の保全、保護地域や重要湿地等の保全・再生などの、地域における生物多様性の保全・再生に資する先進的・効果的な活動を行う16の事業に対し生物多様性保全推進交付金により支援を行った。

○ 農業農村整備事業において、農村地域における生態系ネットワークの保全・回復、河川等の取水施設における魚道の設置（**写真12**）、魚類や水生植物等の生息・生育・繁殖環境の保全に配慮した水路整備を行う等、環境との調和に配慮した取組を実施してきており、更なる取組を推進するため、生態系配慮の事例や事業地区における生物調査の結果の周知を行った。

また、農業水利施設や農地の健全な利用を阻害し、生態系に大きな影響を及ぼしている外来水生生物の駆除・対策手法を検討するとともに、その被害実態や駆除効果を広く周知するための取組を行った。

写真12 農業農村整備事業で整備された魚道

資料）農林水産省

---

44 http://www.env.go.jp/nature/important_wetland/index.html

○　河川・湖沼・ため池等における外来種対策として、各地で特定外来生物の防除等を実施したことに加え、宮城県伊豆沼・内沼ではオオクチバス等の違法放流対策を実施した。滋賀県の琵琶湖では、防除困難地域でのオオバナミズキンバイ等の防除手法検討を行った。また、令和5年4月に施行した改正「特定外来生物による生態系等に係る被害の防止に関する法律（平成16年法律第78号）（外来生物法）」により、我が国に定着した特定外来生物の防除は地方公共団体の責務となったことから、地方公共団体の防除について令和5年度に新設した特定外来生物防除等対策事業（交付金）で支援した。

生態系等へ悪影響を及ぼすアメリカザリガニ及びアカミミガメについては、改正「外来生物法」を踏まえて令和5年6月から条件付特定外来生物として放出等の規制を行うとともに、適正飼養の啓発や「アメリカザリガニ対策の手引き（令和5年4月改訂）」の公表等を行った（**写真13**）。

さらに、外来種問題の認識を高め、特定外来生物以外の生物も含めた侵略的外来種について、新たな侵入・拡散の防止を図るため、「入れない・捨てない・拡げない」の外来種被害予防三原則についてウェブサイトによる周知を行うなどの普及啓発等に引き続き取り組んだ。

○　国立・国定公園における自然地域の保護管理の充実を図るため、公園区域の拡張等を行った。新規拡張箇所としては、令和6年3月に公園区域の拡張等を行った西表石垣国立公園が挙げられる。

○　「自然再生推進法（平成14年法律第148号）」に基づき、森林、湿原、干潟など多様な生態系を対象として、過去に損なわれた自然を再生する地域主導の取組を、関係機関等とも連携しつつ全国で実施した。また、令和元年12月に見直しを行った自然再生に関する施策を総合的に推進するための自然再生基本方針の普及啓発を図り、自然再生に関する取組を推進した。

（活動支援）

○　河川環境について専門的知識を有し、豊かな川づくりに熱意を持った人を河川環境保全モニターとして委嘱し、河川環境の保全・創出、秩序ある利用のための業務や普及啓発活動をきめ細かく行った。また、河川に接する機会が多く、河川愛護に関心を有する人を河川愛護モニターとして委嘱し、河川へのごみの不法投棄や河川施設の異常の発見等、河川管理に関する情報の収集や河川愛護思想の普及啓発に努めた。平成25年6月の「河川法」の改正により、河川環境の整備や保全などの河川管理に資する活動を自発的に行っている民間団体等を河川協力団体として指

写真13	「アメリカザリガニ対策の手引き」

アメリカザリガニ対策の手引き
環境省自然環境局野生生物課外来生物対策室
令和4(2022)年4月作成
令和5(2023)年4月改訂

資料）環境省

定し、河川管理者と連携して活動する団体として位置付け、団体としての自発的活動を促進し、地域の実情に応じた多岐にわたる河川管理を推進した。

○　流域全体の生態系を象徴する「森里川海」が生み出す生態系サービスを将来世代にわたり享受していける社会を目指し、平成26年12月に「つなげよう、支えよう森里川海プロジェクト」を立ち上げ、流域単位で地域の歴史や伝統、文化、人と自然の共生について考える取組として、平成28年度から令和4年度まで、「森里川海ふるさと絵本づくり」を実施した。令和5年度は、絵本制作者から、地域間交流、世代間交流、地域の活動に発展した効果等について、生物多様性自治体ネットワーク生物多様性普及部会において、絵本づくりの工程をテキスト化及び映像化した「絵本制作マニュアル」を紹介し、生物多様性普及啓発活動の一環としての活用において横展開を図った。

○　地域共同で取り組む、農地や農業用用排水路などの地域資源を保全管理する活動に併せ、生物の生息状況の把握、水田魚道の設置等、生態系の保全・回復を図る活動に対して多面的機能支払交付金により支援を行った。

（7）水辺空間の保全、再生及び創出

　河川や湖沼、濠(ほり)、農業用用排水路及びため池などの水辺空間は、多様な生物の生息・生育・繁殖環境であるとともに、人の生活に密接に関わるものであり、地域の歴史、文化、伝統を保持及び創出する重要な要素である。また、安らぎ、生業、遊び、にぎわい等の役割を有するとともに、自然への畏敬を感じる場でもある。

　このため、水辺空間の更なる保全・再生・創出を図るとともに、流域において水辺空間が有効に活用され、その機能を効果的に発揮するための施策を推進している。

　水辺が本来有している魅力をいかし、川が再び人々の集う空間となるよう、「かわまちづくり」支援制度や「河川法」に基づく河川敷地占用許可準則の基準の緩和などのハード・ソフト施策を展開しており、近年では、民間事業者による水辺のオープンカフェやレストラン等の出店や、川が持つ豊かな自然や美しい風景をいかした観光等により、各地でにぎわいのある水辺空間が創出されている。

　さらに、「ミズベリング・プロジェクト」により、魅力的な水辺を形成するための様々な取組が各地で進められている。

　また、農村地域の水辺空間を構成する農業用用排水路は、農業生産の基礎としての役割に加え、環境保全や伝統文化、地域社会等にも密接に関わり様々な役割を発揮している。これら農業用水が有する多面的な機能の維持・増進のため、農業水利施設の保全管理又は整備と一体的に、親水施設の整備が行われている。

○　地域の景観、歴史及び文化などの「資源」をいかし、「かわまちづくり」支援制度や「水辺の楽校プロジェクト」等により、地域の景観、歴史及び文化などの「資源」をいかした良好な空間形成を図る河川整備を推進した（**写真14、15**）。

○　平成30年度から先進的で他の模範となる「かわまちづくり」の取組を「かわまち大賞」として表彰・周知し、「かわまちづくり」の質的向上を推進した。

| 写真14 | 「かわまちづくり」支援制度により整備された交流拠点（宮城県名取市） |

資料）国土交通省

| 写真15 | 「水辺の楽校プロジェクト」により整備されたワンド（埼玉県八潮市　中川） |

資料）埼玉県八潮市

○ 「ミズベリング・プロジェクト」としてパンフレット、ウェブサイト、Facebook、フォーラムの開催等により、各地域における魅力的な水辺の主体的な形成を推進した。

○ 湧水保全に取り組んでいる関係機関・関係者の相互の情報共有を図るため、全国の湧水保全に関わる活動や条例などの情報を「湧水保全ポータルサイト[45]」により発信するとともに、湧水の実態把握の方法や保全・復活対策等について紹介した「湧水保全・復活ガイドライン[46]（平成22年3月）」の周知を図った。

○ 皇居外苑濠において、良好な水環境を確保するために平成28年3月に策定した「皇居外苑濠水環境改善計画」に基づき、皇居外苑濠水浄化施設等の運用、水生植物の管理などの水環境管理を行った。また、一部の濠では計画に掲げた「当面の水質目標」を全て満たすなど、一定の水質改善が確認されたことから同計画を「皇居外苑濠環境保全計画」として見直すための検討を行った。

○ 農業農村整備事業において、農村地域における親水や景観に配慮した水路・ため池整備を行う等、農村景観や水辺環境の保全の取組を実施してきており、更なる取組を推進するため、整備された親水空間等の農村景観を地域づくりに活用している事例等の周知を行った。

○ 新世代下水道支援事業制度等により、せせらぎ用水、河川維持用水、雑用水、防火用水などの再生水の多元的な利用拡大に向け、財政支援を行った。【再掲】

○ 循環型社会形成推進交付金により、浄化槽の整備を支援することで生活排水を適正に処理し、放流水を公共用水域に還元することで、地域の健全な水辺空間の再生・創出に寄与した。

（8）水文化の継承、再生及び創出

　地域の人々が河川や流域に働き掛けて上手に水を活用する中で生み出されてきた有形、無形の伝統的な水文化は、地域と水との関わりにより、時代とともに生まれ、洗練され、またあるものは失われ

45　https://www.env.go.jp/water/yusui/index.html
46　https://www.env.go.jp/water/yusui/guideline.html

ることを繰り返し、長い歳月の中で醸成されてきた。一方で、地域社会の衰退に加え、自然と社会の急激な変化がもたらした水循環の変化とその影響による様々な問題により、一部の地域では、多様な水文化の継承が困難な状況も生じている。このため、流域の多様な地域社会と地域文化について、その活性化の取組を推進し、適切な維持を図ることにより、先人から引き継がれた水文化の継承、再生とともに、新たな水文化の創出を推進することが求められる。

○　「水の週間」の機会を活用して、水源地域における地域活性化、上下流交流等に尽力した団体に対する水資源功績者としての表彰や、次世代の子供達を対象とした自然環境体験学習等の地域活動への支援を行い、上下流の多様な連携等を促進した。

○　「水源地域対策特別措置法（昭和48年法律第118号）」に基づく水源地域整備事業の円滑な進捗を図ることを目的に、「水源地域対策連絡協議会幹事会」を開催し、水源地域における水文化の担い手である住民の生活環境や産業基盤等を整備するため、関係府省庁等との連絡調整を行った。

　　令和6年3月末までに「水源地域整備計画」を決定した95ダム及び1湖沼のうち、令和5年度は14ダムで同計画に基づく整備事業を実施し、うち2ダムで完了した。その結果、令和6年3月末において、整備事業を実施中のダムは12、整備事業を完了したダムは83、湖沼は1となっている。

○　令和5年11月に愛知県安城市において、地域の農業用水の歴史や先人の偉功などを「語り」の手法を用いて広く発信し、後世に継承するための「語り部交流会」の開催を支援した。

（9）地球温暖化への対応

　気候変動に関する政府間パネル（IPCC）の第6次評価報告書では、人間活動が主に温室効果ガスの排出を通して地球温暖化を引き起こしてきたことには疑う余地がないこと、大気・海洋・雪氷圏・生物圏に広範かつ急速な変化が現れていること、大雨の頻度と強度の増加、いくつかの地域で観測された農業及び生態学的干ばつの増加について示された。また、地球温暖化が継続すると、世界の水循環が、その変動性、世界全体におけるモンスーンに伴う降水量、非常に湿潤な及び非常に乾燥した気象現象と気候現象や季節を含め、更に強まると予測され、この10年間に行う選択や実施する対策は、現在から数千年先まで影響を持つと示されている。

　我が国では、今後、地球温暖化などの気候変動による年間無降水日数の増加や年間最深積雪の減少が予測されている。このことから、河川への流出量が減少し、下流において必要な流量が確保しにくくなることが想定される。また、河川の源流域において積雪量が減少することで、融雪期に生じる最大流量が減少するとともに、気温の上昇に伴い流出量のピークが現在より早まり、春先の農業用水の需要期における河川流量が減少する可能性がある等、将来の渇水リスクが高まることが懸念される。

　一方、大雨による降水量の増加、海面水位の上昇により、水害や土砂災害が激甚化・頻発化し、水供給・排水システム全体が停止する可能性がある。また、短時間強雨や大雨の発生頻度の増加に伴う高濁度原水の発生により、浄水処理への影響が懸念される。さらに、海面水位の上昇に伴う沿岸部の地下水の塩水化や河川における上流への海水（塩水）遡上による取水への支障、水温上昇に伴う水道

特集

本編

第4章　水の適正かつ有効な利用の促進等

水中の残留塩素濃度の低下による水の安全面への影響やカビ臭物質の増加等による水のおいしさへの影響、生態系の変化等も懸念されている。農業分野においても、高温による水稲の品質低下等への対応として、田植え時期の変更等を実施した場合、水資源や農業水利施設における用水管理に影響が生じることが懸念される。

このため、健全な水循環の維持又は回復に十分配慮しつつ、「地球温暖化対策計画（令和3年10月22日閣議決定）」等に基づき、森林の整備及び保全、水力発電の導入等の再生可能エネルギーの導入促進や水処理、送水過程における省エネルギー設備の導入等の地球温暖化対策により、今後とも二酸化炭素などの温室効果ガスの排出削減・吸収による緩和策を推進するとともに、気候変動による様々な影響への適応策を推進する必要がある。

ア　適応策

○　「気候変動適応計画（令和3年10月22日閣議決定）」に基づき、令和4年度に実施した施策のフォローアップを実施した。水資源等の各分野における施策の進捗状況を把握するとともに、KPI[47]の実績値の変化を確認した。

○　気候変動による水系や地域ごとの水資源への影響を需要・供給の面から評価する手法について検討した。

○　鵡川水系、沙流川水系、狩野川水系、九頭竜川水系、由良川水系、吉井川水系、旭川水系、肱川水系、大野川水系及び小丸川水系では、気候変動による降雨量の増加の影響などを踏まえ、「河川整備基本方針検討小委員会」を開催し、気候変動の影響を考慮し将来の降雨量の増加や流域治水を踏まえた河川整備基本方針へと変更した。

○　気候変動に伴う水質等の変化が予測されていることを踏まえ、全国の河川において、水質のモニタリング等を実施した。

○　気候変動の影響や生態系保全を踏まえた望ましい湖沼水環境の実現に向けた検討を行うため、琵琶湖において「気候変動を踏まえた湖沼管理手法の検討会」を令和5年度に2回（10月、3月）開催した。

また、閉鎖性海域における気候変動が水質、生物多様性等に与える影響に関する分析や将来予測を行うとともに、適応策に関する検討を行った。

イ　緩和策

○　2050年カーボンニュートラルを目指し、水循環政策における再生可能エネルギーの導入促進を図るため、「水循環政策における再生可能エネルギーの導入促進に向けた数値目標」及び「水循環政策における再生可能エネルギーの導入促進に向けたロードマップ」を更新し、令和5年9月に公表し、再生可能エネルギーの導入を推進するとともに、省エネルギー対策を推進した。

（森林）

○　2050年カーボンニュートラルの実現及び「地球温暖化対策計画」等において定められた我が国の森林吸収源による温室効果ガス削減目標（令和12（2030）年度に平成25（2013）年度比

47　KPI：Key Performance Indicator

46％のうち約2.7％を森林吸収量で確保）の達成に向けて、「森林・林業基本計画」等に基づき、間伐や再造林などの森林の適正な整備や保安林等の適切な管理、保全等を推進した。

（水力発電）

○　水道専用ダムを含む水道施設における再生可能エネルギー設備等の導入促進のため、「上下水道・ダム施設の省CO_2改修支援事業」により水道施設への再生可能エネルギー設備の導入等に対する財政支援を行った。また、水道事業者等に向けた支援制度の説明会を行うことで再生可能エネルギー設備等の導入促進を図った。

○　水力発電開発を促進させるため、既存ダムの未開発地点におけるポテンシャル調査や有望地点における開発可能性調査を実施するとともに、地域住民等の水力発電への理解を促進する事業について補助金を交付し支援した。既存水力発電所については、増出力や増電力量の可能性調査及び増出力や増電力量を伴う設備更新事業の一部について補助金を交付し支援した（**図表33**）。

　　また、揚水発電の運用高度化や導入支援を通じ、揚水発電の維持及び機能強化を図ることを目的とした補助金を交付し支援した。

図表33	水力発電の導入加速化補助金（既存設備有効活用支援事業）のイメージ

最新解析技術等を用い既存設備の性能を評価

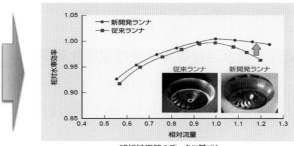

解析結果等のデータに基づく
最適設計による効率向上

資料）経済産業省

○　ダムを活用した治水機能の強化と水力発電の促進を両立するハイブリッドダムの取組について、ダム運用の高度化の試行を継続するとともに、既設ダムの発電施設の新増設の事業化に向けたケーススタディを実施した。

○　農業水利施設を活用した小水力発電の円滑な導入を図るため、地方公共団体や土地改良区等に対し、調査・設計や協議・手続等への支援、技術力向上のための支援を実施し、小水力発電導入について積極的な推進を図った。

○　工業用水道施設への小水力発電の導入を促進するため、活用可能な補助制度について工業用水道事業担当者ブロック会議等で情報提供を行った。

○　中小水力発電（出力20kW以上3万kW未満が対象）の事業初期段階における事業性評価に必要な調査・設計等の経費について、補助金を交付し支援した。

○　小水力発電の導入を推進するため、従属発電については、許可制に代えて登録制を導入するとともに、プロジェクト形成支援のため現場窓口を地方整備局や事務所に設置しており、水利使用

手続の円滑化を図った。

○ 下水処理水の放流時における落差を活用した水力発電について、「上下水道・ダム施設の省CO₂改修支援事業」等の活用可能な予算制度の周知を行うなど、導入に向けた支援を行った。

○ 小水力発電の導入を推進するため、砂防堰堤（えんてい）等の既存インフラを活用した水力発電に係る調査・検討・発信等を行った。

（水上太陽光発電等）

○ 水道施設における太陽光発電の導入促進のため、「上下水道・ダム施設の省CO₂改修支援事業」により水道施設への再生可能エネルギー設備の導入等に対する財政支援を行った。また、水道事業者等に向けた支援制度の説明会を行うことで再生可能エネルギー設備等の導入促進を図った。

○ 令和4年度に整理した技術的要件を基に、農業用ため池における水上設置型太陽光発電設備の設置ポテンシャルの算定を行った。

○ 地域の再生可能エネルギーのポテンシャルを有効活用するため、「新たな手法による再エネ導入・価格低減促進事業」により、ため池における太陽光発電設備の導入支援を行った。

○ 工業用水道施設への太陽光発電の導入を促進するため、活用可能な補助制度について工業用水道事業担当者ブロック会議等で情報提供を行った。

○ 治水等多目的ダムにおいて、水上太陽光発電の技術的要件等を確認するため、実証実験を実施するダムを選定した。

（水処理・送水過程等での地球温暖化対策）

○ 下水汚泥のバイオガス利用や、生ごみ等の地域バイオマスの下水処理場への集約、下水熱などのエネルギー利用について、地方公共団体へのアドバイザー派遣等により具体的な案件形成を推進した。

○ 下水道バイオマスを活用したバイオガス発電や下水汚泥の高温焼却等による一酸化二窒素の削減等を実施するために必要な施設整備に対し、令和4年度に創設した下水道脱炭素化推進事業等を通じた支援を行った。また、地方公共団体実行計画の策定等に必要となる下水道施設等の調査・検討や温室効果ガス削減に必要な運転方法の変更のための計測機器・制御装置の設置等に対し、令和5年度に新たに創設した下水道温室効果ガス削減推進事業を通じた支援を行った。

○ 国土交通省と農林水産省は令和4年12月に「下水汚泥資源の肥料利用の拡大に向けた官民検討会」を共同で開催し、取組の方向性として、肥料の国産化と安定的な供給、資源循環型社会の構築を目指し、農林水産省、国土交通省等が連携し、安全性・品質を確保しつつ、下水汚泥資源の肥料利用の大幅な拡大に向けて総力を挙げて取り組むとして方向性を取りまとめた。令和5年3月には、下水汚泥の処理を行うに当たっては、肥料としての利用を最優先し、最大限の利用を行うことを基本方針として明確化するとともに、下水道管理者に通知した。令和5年度には、下水汚泥の重金属や肥料成分の分析（83処理場）、肥料の流通確保に向けた案件形成（20団体）を行うとともに、3つの地方公共団体の下水道施設において、下水処理過程からのリン回収に関する技術実証を行い、下水汚泥資源の肥料利用の推進を行っている。

○ 「地球温暖化対策計画」において、「上下水道における省エネルギー・再生可能エネルギー導

入」の中で、施設の広域化・統廃合・再配置による省エネルギー化の推進と、長期的な取組として、上水道施設が電力の需給調整に貢献する可能性を追求することを盛り込んでおり、目標の達成に向けて、「水道事業における省エネルギー・再生可能エネルギー対策の実施状況等の把握」、「省エネルギー・再生可能エネルギー対策に係る情報の提供」等の対策を行っている。

○　上水道システムにおけるエネルギー消費量・二酸化炭素排出量を削減するため、「上下水道・ダム施設の省CO_2改修支援事業」により水道施設への省エネルギー設備や再生可能エネルギー設備の導入等に対する財政支援を行った。

○　農業水利施設における省エネルギーを推進するため、老朽した施設の更新時に合わせた省エネルギー施設の整備に対して支援を行った。

○　農業集落排水施設から排出される処理水の農業用水としての再利用や汚泥の肥料化等による農地還元を図るとともに、農業集落排水施設における平常時・非常時を通じたエネルギーの最適利用システムに関する技術の開発・実証を推進した。

○　既設の中・大型浄化槽に付帯する機械設備の省エネ改修や古い既設合併処理浄化槽の交換、再生可能エネルギー設備の導入を推進することにより、浄化槽システム全体の大幅な脱炭素化を図るとともに老朽化した浄化槽の長寿命化を図った。

○　地下水・地盤環境の保全に留意しつつ地中熱利用の普及を促進するため、「地中熱利用にあたってのガイドライン[48]（令和 5 年 3 月改訂）」及び一般・子供向けのパンフレットや動画で周知を図った。

○　豪雪地帯において雪冷熱エネルギーの普及に向けた取組の調査や、屋内の冷房や雪室倉庫（農産物を貯蔵する倉庫）、データセンターの冷却等に活用している事例の収集を実施し、これらを国土交通省ウェブサイトや機関誌へ掲載するなどして周知することにより、その一層の普及・促進を図った。

48　https://www.env.go.jp/water/jiban/20230327.html

第5章　健全な水循環に関する教育の推進等

　水は国民共有の貴重な財産であり、公共性が高く、人の生活の様々な面に深く関わっていることから、国民が健全な水循環の維持又は回復の重要性を認識・理解し、自ら積極的に取組を行う環境づくりが重要である。そのため、子供のうちから水の大切さを学び、水を大事に使う考え方や行動を身に付けてもらうことなどを目的として、健全な水循環に関する教材の作成、授業での教材の活用等を通じ、学校教育の現場における健全な水循環に関する教育を推進している。

　また、学校教育の現場のみならず、国、地方公共団体等は「水の日」、「水の週間」関連行事の開催など、水に関連する各種行事、取組等を通じて、子供のみならず、全ての国民が水と触れ合う機会を創出し、水の大切さ、水源に対する理解の向上等を図るための普及啓発、広報の取組を推進している。

（1）水循環に関する教育の推進

（学校教育での推進）

○　平成29・30年に告示した学習指導要領を踏まえ、学校教育において、例えば、中学校理科や小学校社会科等で雨、雪などの降水現象に関連させた水の循環に関する教育や、飲料水の確保や衛生的管理に関する教育を推進している。

○　令和2年度に作成した健全な水循環に関する学習教材を、全国の小学校の理科、社会、総合的な学習の時間等の授業で活用し、「水循環教材の活用事例集」に事例をまとめている。令和4年度に授業で活用した小学校及び川の資料館等での活用事例を追加し、令和5年度にウェブサイト[49]等で公表した（**写真16**）。

○　令和5年度から新たに、水循環教育の実施に関心を有するものの、その知見が十分ではないため授業の実施に踏み切れない教員等のスキルアップを目的とした「水循環教育スキルアップ講座」を、荒川知水資料館等で実施した（**写真17**）。

49　https://www.kantei.go.jp/jp/singi/mizu_junkan/kyouiku/index.html

写真16	「水循環教材の活用事例集」

  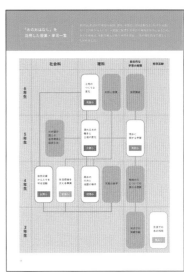

資料）内閣官房水循環政策本部事務局

写真17	水循環教育スキルアップ講座（荒川知水資料館）

資料）内閣官房水循環政策本部事務局

（連携による教育推進）

○　水循環の国民の認識、理解を深めるため、ポスター掲示や水道事業者等への情報提供など「水の日」関連行事等の周知を行った。

○　水循環教育に関わる各種団体と連携し作成した水循環学習教材を、学校教育の現場のみならず、地方公共団体の主催する出前講座、全国の川や水の資料館、ダムなどのインフラ施設等で活用することで、水循環教育を推進している。

○　広く国民に健全な水循環に関する普及啓発を行うため、令和５年度に水循環教材を活用した展示セットを作成し、８月１日の「水を考えるつどい」を始め、ダムでの学習イベント、学校や川

の資料館での巡回展示を行った（**写真18**）。

○　一般の方にも水道のことをもっと知っていただけるよう、東海大学と共同で作成したパンフレット「いま知りたい水道」の内容等を、政府広報ラジオやSNS等で周知した。

○　水循環教育を推進する中で、地域や民間団体による水循環の科学的知見に基づく自主的な教育活動が行われており、令和5年10月、小金井市主催でNPOと大学の協力によって、東京都・野川で子ども達と保護者を対象に「野川の環境と生きもの調査」と「水辺の自然を撮影しよう」の講座が実施された（**写真19**）。

○　健全な水循環を含む多様な環境課題について、持続可能な開発のための教育（ESD[50]）の視点を取り入れた環境教育プログラムを多様な主体との連携等により実践した。

（現場体験を通じての教育推進）

○　農地が有する多面的機能やその機能を発揮させるために必要な整備について、国民の理解と関心の向上に資するため、農林漁業体験等を推進し、水循環に関する啓発を図った。

○　森林が有する多面的機能やその機能を発揮させるために必要な整備について、国民の理解と関心を深めるため、森林での体験活動の場に関する情報を提供したほか、国有林のフィールドの提供を通じた林業体験、森林教室等を実施することにより、森林環境教育の取組を推進した（**写真20**）。また、森林環境教育に取り組む関係者による発表や意見交換等を行う「こどもの森づくりフォーラム」を開催した。

○　治水・利水・環境の取組に関する現地見学会、出前講座等の実施により、健全な水循環

| 写真18 | 水循環教材を活用したパネル展示（水を考えるつどい） |

資料）内閣官房水循環政策本部事務局

| 写真19 | 地方公共団体とNPO、大学が連携した河川の自然観察講座 |

資料）東京学芸大学

| 写真20 | 小学生を対象とした森林教室の様子 |

資料）林野庁

50　ESD：Education for Sustainable Development

に関する教育や理解を深める活動を実施した。

（2）水循環に関する普及啓発活動の推進

（「水の日」及び「水の週間」関連行事の推進）

○ 「水循環基本法」は、国民の間に広く健全な水循環の重要性についての理解や関心を深めるようにするため、8月1日を「水の日」として定めている。令和5年度は、地方公共団体等の協力の下に、「水を考えるつどい」、全日本中学生水の作文コンクール、水資源功績者表彰などのほか「水の日」の趣旨にふさわしい事業を273件実施した（**図表34**）。8月1日「水の日」の当日に開催された「水を考えるつどい」、「全日本中学生水の作文コンクール表彰式」では、瑤子女王殿下が御臨席になり、おことばを述べられた（**写真21、22**）。なお、全国の施設を「水」を連想させる青色の光で彩る「ブルーライトアップ」の取組は、令和4年度（88施設）を大きく上回る117施設の参加があった（**写真23**）。また、全国の「水の日」関連行事への「水の日」応援大使「ポケットモンスター」（通称ポケモン）の「シャワーズ」の派遣や、「水の日」カウントダウン動画の公開、新たに実施した「「＃水源地行ってみた」キャンペーン」など、SNSやウェブサイト[51]を活用した積極的な広報を通じ、若い世代を中心とした普及啓発に注力した（**写真24**）。

51 https://www.mlit.go.jp/mizukokudo/mizsei/tochimizushigen_mizsei_tk1_000012.html

第5章 健全な水循環に関する教育の推進等

図表34	第47回「水の週間」行事の概要

行　事	実　施　内　容	主　催　者　等
水の週間中央行事	1．水を考えるつどい 　日時：令和5年8月1日（火）　14：00～ 　場所：イイノホール（東京都千代田区） 　内容：①主催者挨拶、瑶子女王殿下おことば 　　　　②第45回全日本中学生水の作文コンクール表彰式 　　　　③上記作文コンクール最優秀賞受賞者による作文朗読 　　　　④水源地行ってみたキャンペーンの報告 　　　　⑤動画上映及び講演（ABMORIの取組） 　　　　⑥講演（東京農工大学准教授・白木克繁氏）	主催：水循環政策本部、国土交通省、東京都、実行委員会（注） 後援：文部科学省、厚生労働省、農林水産省、経済産業省、環境省、（独）水資源機構、（公財）日本科学技術振興財団、NHK、（一社）日本新聞協会
	2．水のワークショップ・展示会 　1）水のワークショップ「水源地に行こう！」 　　日時：令和5年8月5日（土）14：00～15：30 　　場所：音楽の友ホール（東京都新宿区） 　　内容：①天気と水循環に関する講演（気象キャスター 敷波美保さん） 　　　　　②プロジェクトWETアクティビティ（2023ミス日本「水の天使」竹田聖彩さん） 　　　　　③シリーズ水のめぐみ「水の源をたどる旅」上映 　　　　　④水源地域に関するクイズ 　　　　　⑤お楽しみ企画（シャワーズとのグリーティング） 　2）展示会 　　日時：令和5年8月5日（土）13：00～15：30 　　場所：音楽の友ホール（東京都新宿区）ホワイエ 　　内容：水に関係する団体の活動及び水源地域を紹介するポスター及び水循環に関するパネル展示	主催：実行委員会
動画「シリーズ水のめぐみ」	水循環について理解を深めていただくため、水に関する施設や取組を紹介する動画「シリーズ水のめぐみ」をウェブサイトに公開。令和5年度は愛知用水を舞台に「水の源をたどる旅」を撮影し公開。あわせて「Go To 水源地！」と題した短編動画を制作し、全国のショッピングセンター等で放映。	主催：実行委員会
令和5年度水資源功績者表彰	水資源行政の推進に関し、特に顕著な功績のあった個人及び団体に対して、国土交通大臣が表彰状を授与。	主催：国土交通省
第45回全日本中学生水の作文コンクール	「水について考える」をテーマとして、中学生を対象に水の作文コンクールを実施。 都道府県の各地方審査等を経た作品を中央審査会で審査し、優秀作品に対して最優秀賞（内閣総理大臣賞）等を授与。	主催：水循環政策本部、国土交通省、都道府県 後援：文部科学省、厚生労働省、農林水産省、経済産業省、環境省、全日本中学校長会、（独）水資源機構、実行委員会
一日事務所長体験	全日本中学生水の作文コンクール優秀賞以上の受賞者のうち、希望する者について在住地近隣の関係機関の事務所等において一日事務所長体験を実施。	
第38回水とのふれあいフォトコンテスト	健全な水循環の重要性や水資源の有限性、水の貴重さ、水資源開発の重要性について広く理解と関心を深めることに資する写真作品を募集したフォトコンテストを実施。優秀作品に対して、国土交通大臣賞等を授与。また、若年層も含めてより広く作品を募集するSNS部門コンテストも実施し、優秀作品に対して各賞を授与。	主催：実行委員会 後援：国土交通省、東京都、（独）水資源機構
上下流交流事業実施団体への助成	水資源の有限性、水の貴重さ及び水資源開発の重要性についての啓発や、ダム水源地域の振興に資する上下流住民の連携に関する活動等を行う団体等に対し助成を実施。	主催：実行委員会
施設見学会	ダムや浄水場などの水に係わる施設の見学会を各都道府県等において実施。	主催：都道府県ほか
その他	・全国各地で①講演会、②展示会など多彩な催しの実施 ・ポスターの配布・掲示	

（注）「実行委員会」とは、「水の日」・「水の週間」の趣旨に賛同し、政府による「水の週間」の各種の啓発活動と一体となった諸行事を積極的に実施することを目的として、水に関係の深い団体により設立された「水の週間実行委員会」を指す。

資料）国土交通省

写真21	「水を考えるつどい」でおことばを述べられる瑶子女王殿下

資料）国土交通省

写真22	全日本中学生水の作文コンクール表彰式

資料）国土交通省

写真23	ブルーライトアップ（京都府庁旧館）

資料）国土交通省

写真24	「水の日」応援大使派遣（茨城県日立市）

資料）国土交通省

（戦略的な情報発信等）

○　森林やダム等の重要性について、森と湖に親しみ、心身をリフレッシュしながら、国民に理解を深めてもらうため、７月21日から７月31日までを「森と湖に親しむ旬間」と位置付け、各地の森林、管理ダム等において、水源林やダムの見学会などの取組を実施した。

○　ダムカードは、ダムのことをより知ってもらうため、国土交通省と独立行政法人水資源機構が管理するダムのほか、一部の都道府県や発電事業者が管理するダムで作成しており、ダムの管理事務所やその周辺施設に訪れた方に配布している。カードの大きさや掲載する情報項目などは、全国で統一しており、ダムの写真、ダムの型式や貯水池の容量、ダムを建設したときの技術といった基本的な情報からマニアックな情報まで凝縮して掲載している。

　平成19年７月に「森と湖に親しむ旬間」に合わせて国土交通省及び独立行政法人水資源機構が管理する全国の111ダムで配布を開始したものであり、以後、多くのダムでダムカードが配布

されるようになり、令和5年7月1日時点では807ダムで配布されるまで増加している。

　ダムカード収集を目的に多くの方々がダムを訪れるようになってきており、ダムカードを水源地域の地方公共団体等が地域活性化のツールとして活用することによって、ダムを訪れる一般の方々を観光施設等へ誘客する取組も行われている。

○　マンホールカードは、マンホール蓋を管理する地方公共団体と下水道広報プラットホーム（GKP）が共同で作成したカード型のパンフレットで、平成28年4月の第1弾から累計で全国684団体1,002種類のカードが発行（令和5年12月時点）され、総発行枚数は約1,100万枚となっている。マンホールカードの発行を通じて下水道の役割を周知するとともに、観光客等に各地へ足を運んでもらうことで観光振興につなげている。これらの取組を実施する地方公共団体と連携し、下水道への関心醸成に向けて、広く情報発信を行った。

○　水資源の開発、利用、水源の涵養（かんよう）等、水資源行政の推進に関し、永続的に尽力するなど、特に顕著な功績のあった1個人、4団体を水資源功績者として表彰した。

○　国立公園等において自然体験イベントを実施することを通じ、水環境について学ぶ機会を提供した（**写真25**）。

| 写真25 | 自然体験活動（川でシダやコケを探そう！） |

資料）環境省

○　健全な水循環の維持又は回復に関する普及啓発活動等の情報を分かりやすく発信するために、地方公共団体等が実施する全国の「水の日」に関連する行事を集約し、「水の日」、「水の週間」のウェブサイト[52]に公表した。

○　農業用水の重要性について広く国民に理解されることを目的に、食料生産のみならず、生態系保全、防火用水、雨雪の排水、小水力発電等、生活の様々な場面で活用している農業用水利施設（疏水（そすい）、ため池）をテーマとした第3回「水が伝える豊かな農村空間〜疏水（そすい）・ため池のある風景」写真コンテスト（全国水土里（みどり）ネット、疏水（そすい）ネットワーク、全国ため池等整備事業推進協議会主催）の後援を行った。また、平成28年の「水の日」から配布を開始した「水の恵みカード」は、土地改良区等により新たに1種類のカードが作成され、令和6年3月末時点で合計111種類となった。

○　地域の水源として適切に整備・管理されている水源林の大切さについて広く国民の理解の促進を図るため、ウェブサイト等を活用し、我が国の代表的な水源林である「水源の森百選」の所在地、その森林の状態、下流域での水の利用状況等について情報発信[53]を行った。

（民間企業等が行う普及啓発活動への支援）

○　広く国民に向けた情報発信等を目的とした官民連携プロジェクト「ウォータープロジェクト」

52　https://www.mlit.go.jp/mizukokudo/mizsei/tochimizushigen_mizsei_tk1_000012.html
53　https://www.rinya.maff.go.jp/j/suigen/hyakusen/

の取組として、健全な水循環の維持又は回復に関する参加団体の取組についてウェブサイト[54]を活用して情報発信するとともに、より充実したプラットフォーム機能を持たせるためにウェブサイトのリニューアルを実施し、参画団体間の情報交換の場の創出促進等を行った。

54　https://www.env.go.jp/water/project/

第6章　民間団体等の自発的な活動を促進するための措置

　事業者、国民又はこれらの主体が組織する民間団体等が、水循環と自らの関わりを認識し、自発的に行う社会的な活動は、健全な水循環の維持又は回復においても大きな役割を担っている。

　こうした民間団体等による社会的な活動を促進するためには、団体活動のマネジメントの能力を持った人材の発掘、活用、育成、活動のための資金の確保、活動の情報開示等を通じた信頼性の向上などの課題への対応が必要である。

　水に関わる環境面のみならず防災面まで含めた健全な水循環に関する取組は、産学官はもとよりNPOや一般住民まで含めて、一体となって取り組む必要がある。

（協働活動等への支援）

○　水生生物を指標として河川の水質を総合的に評価するとともに環境問題への関心を高めるため、一般市民が参加する全国水生生物調査を行い、調査結果をウェブサイト[55]に公開した。

○　農業用用排水路等の泥上げ・草刈り、軽微な補修、長寿命化、水質保全などによる農村環境保全など地域資源の適切な保全管理等のための地域の共同活動を多面的機能支払交付金により支援した。【再掲】第4章（3）イ　農業水利施設におけるストックマネジメント

○　森林の水源涵養（かんよう）機能などの多面的機能の発揮を図るため、地域住民等が行う里山林の保全、森林資源の利活用等の取組を森林・山村多面的機能発揮対策交付金により支援した（**写真26**）。

| 写真26 | 地域住民が行う里山林の保全（左：伐採・右：搬出） |

資料）林野庁

○　上下流交流や地域活性化交流等を通じた持続的かつ自立的な水源地域の未来形成に向けて、取組の課題や先進的な取組事例等を共有し、関係者間で意見交換を行うことで、各地域の水源地域振興の取組の更なる深化を目指すことを目的として、「水源地域未来会議」を開催した。第1回を令和5年6月に東京都、第2回を令和5年10月に岐阜県（阿木（あぎ）川ダム周辺地域（岐阜県中津川市・恵那市））にて、全国からの地方公共団体と地域活動者がそれぞれの活動における課題や工夫、具体的な解決策等の意見交換を行うことで、地域・分野を越えて情報を共有し、課題解決

55　https://www.env.go.jp/press/press_01714.html

や新しい取組につながるよう支援した（**写真27**）。

| 写真27 | 水源地域未来会議（左：6月東京都開催、右：10月岐阜県開催） |

資料）国土交通省

（人材育成及び団体支援制度の活用）

○　「環境教育等による環境保全の取組の促進に関する法律（平成15年法律第130号）」に基づく人材育成事業・人材認定事業に登録された資格（森林における体験活動の指導等を行う森林インストラクターなど）について、林野庁ウェブサイト[56]等を通じて、制度の周知を図った。

○　平成25年6月の「河川法」の改正により、河川環境の整備や保全などの河川管理に資する活動を自発的に行っている民間団体等を河川協力団体として指定し、河川管理者と連携して活動する団体として位置付け、団体としての自発的活動を促進し、地域の実情に応じた多岐にわたる河川管理を推進した。

○　雨水の利用を社会に広めるため、令和3年3月に公表した雨水利用事例集を「令和5年度雨水利用推進関係省庁等連絡調整会議」及び令和5年度雨水利用に関する地方公共団体職員向けセミナーにおいて周知した。

（表彰）

○　日本水大賞委員会（名誉総裁：秋篠宮皇嗣殿下、委員長：毛利衛（日本科学未来館名誉館長））と国土交通省が主催の日本水大賞において、水循環系の健全化や水災害に対する安全性の向上に寄与すると考えられる活動を表彰している。

　令和5年度の第25回日本水大賞では、カンボジアのプノンペンでの水道人材育成プロジェクトを行った「北九州市上下水道局（福岡県）」の活動が日本水大賞（グランプリ）を受賞した（**写真28**）。また、日本水大賞委員会が主催する2023日本ストックホルム青少年水大賞では、水質、水資源管理、水域の保護など水の社会的側面の改善に寄与する調査研究活動などを表彰しており、沖縄尚学高等学校が大賞（グランプリ）を受賞した。

56　https://www.rinya.maff.go.jp/j/sanson/kan_kyouiku/main2.html

写真28	第25回日本水大賞の表彰式でおことばを述べられる秋篠宮皇嗣殿下（左）、表彰の様子（右）

資料) 国土交通省

○　水資源の開発、利用、水源の涵養等水資源行政の推進に関し、永続的に尽力するなど、特に顕著な功績のあった1個人、4団体を水資源功績者として表彰した。【再掲】第5章（2）（戦略的な情報発信等）

○　水環境保全に係る活動等を促進するため、次代を担う中学生を対象とした第45回全日本中学生水の作文コンクールを開催した。国内外からの8,779編に上る応募作品の中から最優秀賞1編、優秀賞10編、入選29編及び佳作143編を選出、表彰した。

（地域振興）

○　上下流交流や地域活性化交流等を通じた持続的かつ自立的な水源地域の未来形成に向けて、取組の課題や先進的な取組事例等を共有し、関係者間で意見交換を行うことで、各地域の水源地域振興の取組の更なる深化を目指すことを目的として、「水源地域未来会議」を開催した。第1回を令和5年6月に東京都、第2回を令和5年10月に岐阜県（阿木川ダム周辺地域（岐阜県中津川市・恵那市））にて、全国からの地方公共団体と地域活動者がそれぞれの活動における課題や工夫、具体的な解決策等の意見交換を行うことで、地域・分野を越えて情報を共有し、課題解決や新しい取組につながるよう支援した。【再掲】

（情報発信）

○　広く国民に向けた情報発信等を目的とした官民連携プロジェクト「ウォータープロジェクト」の取組として、生物多様性保全や地域づくり等にも資する総合的な水環境管理を目指す「良好な水循環・水環境創出活動推進モデル事業」を実施した。さらに、環境省とCDP[57]の共催で「CDP・環境省 Water Project共催シンポジウム」を令和6年1月に開催し、民間団体等による水の持続可能な利用・生物多様性保全に向けた取組や水資源保全の取組など先進的な事例の情報を発信し、民間団体等の主体的、自発的、積極的な活動を促進した。また、民間企業や地方公共団体等が水に関する互いのグッドプラクティスを共有し、それぞれの取組をブラッシュアップす

57　環境分野に取り組む国際NGO。企業等への環境に係る質問書送付及びその結果を取りまとめ、共通の尺度で分析・評価している。企業等の回答の公開を通じて、持続可能な経済の実現に取り組んでいる。

る場として「グッドプラクティス塾」を令和5年10月と令和6年2月に開催し、水辺の保全・活用に向けた連携による取組の拡大を図った。

○　メールマガジンやウェブサイトを通じて、水に関するイベントの紹介を行うことにより、水循環に関係する様々な主体の取組を促進した。

○　幅広い世代・分野にグリーンインフラを普及させるために、グリーンインフラ官民連携プラットフォームにおいて、ウェブサイトやSNS等を通じてグリーンインフラに関する情報発信を行った。また、「グリーンインフラ大賞」ではグリーンインフラに関する優れた取組事例を表彰するとともに、応募された取組事例を事例集として取りまとめ、展開した。令和5年度の新たな取組として、地方公共団体を始めとした様々な主体の方にグリーンインフラに取り組んでいただくための「グリーンインフラ実践ガイド」を10月に公表した。

○　近年、SDGsの動きに加え、気候関連財務情報開示タスクフォース（TCFD）、自然関連財務情報開示タスクフォース（TNFD）などの動きを踏まえ、健全な水循環の取組に関心を有する企業も増えてきている。そこで、令和4年度から「企業の健全な水循環の取組に関する有識者会議」を開催し、水循環に取り組む企業をサポートする環境整備に向けて、企業の取組を積極的に評価する制度の創設等、今後取り組むべき内容等について意見交換を行っている。さらに、水循環に関する国の施策・有識者の研究テーマの紹介、業界団体・企業の取組事例など、実践的な最新情報を発信し、企業の具体的な取組につなげるための「企業連携水循環ウェビナー」を定期的に開催しており、令和5年度は、積極的に水循環の取組を行っている飲料業界各社の協力の下、「飲料業界における水循環施策に資する取組に迫る」等を発信した。

水循環施策を今後とも適切に進めていくためには、水循環に関する調査の実施やその調査に必要な体制の整備に取り組む必要がある。

（1）流域における水循環の現状に関する調査

（水量・水質調査）

- 下水サーベイランス[58]に関する推進計画に基づき関係省庁と連携し、12の地方公共団体の下水処理場において、下水の新型コロナウイルスRNA濃度について調査を実施し、下水サーベイランスにおける下水道管理者の役割等をまとめた「新型コロナウイルスの広域監視に活用するための下水 PCR 調査ガイドライン（案）（令和4年3月22日版）」の見直し等について検討を行った。

- 「水質汚濁防止法」に基づき、公共用水域等の水質汚濁の状況を調査した結果を集計・解析し、ウェブサイト[59]に公表した。また、データの一元的管理及び効率的な処理を行うため、システムの保守点検及び改修を行った。

- 「水質汚濁防止法」、「瀬戸内海環境保全特別措置法」及び「湖沼水質保全特別措置法（昭和59年法律第61号）」に定められている施設の設置時の届出等の各規定の施行状況について、都道府県等からの報告に基づきその件数や内容等を把握するとともに、その結果を環境省ウェブサイト[60]で公表した。

- 「水質汚濁防止法」に基づく水質総量削減が実施されている東京湾、伊勢湾及び瀬戸内海並びに「有明海及び八代海等の再生に関する基本方針（総務省、文部科学省、農林水産省、経済産業省、国土交通省及び環境省　平成15年2月6日策定）」に基づく汚濁負荷の総量の削減に資する措置が推進されている有明海、八代海等において、発生負荷量等算定調査を実施した。

- 社会情勢の変容とともに変化する農業用水の利用実態を的確に把握するため、関係機関等から聞き取り及び状況把握を行った。

（水資源調査）

- 生活用水、工業用水、農業用水等各種用水の利用量、水資源開発の現状、地下水や雨水・再生水等の利用状況、渇水の発生状況等の各種調査を実施し、得られた調査結果を取りまとめ、「日本の水資源の現況」としてウェブサイト[61]に公表した。

（生物調査）

- 「河川水辺の国勢調査」等により、河川、ダム湖における生物の生息・生育・繁殖状況等について定期的かつ継続的に調査を実施した。【再掲】第4章（6）（調査）

58　下水疫学調査。下水を採取し、その中の感染に関する物質濃度を測定することで、下水集水域での公衆衛生情報を得ること。
59　https://water-pub.env.go.jp/water-pub/mizu-site/index.asp
60　https://www.env.go.jp/content/000191961.pdf
61　https://www.mlit.go.jp/mizukokudo/mizsei/mizukokudo_mizsei_fr1_000037.html

○　全国を対象とした淡水魚類分布調査を実施している（令和4年度から現在まで実施中、令和7年度までの予定）。また、自然環境の現状と変化を把握する「モニタリングサイト1000（重要生態系監視地域モニタリング推進事業）」により、水循環に関わる生態系である湖沼・湿原、沿岸域及びサンゴ礁生態系に設置された約300か所の調査サイトにおいて、多数の専門家や市民の協力の下で湿原植物や水生植物の生育状況、水鳥類や淡水魚類、底生動物、サンゴ等の生息状況に関するモニタリング調査を行った。【再掲】第4章（6）（調査）

（地下水）

○　「工業用水法（昭和31年法律第146号）」に基づく指定地域における規制効果を把握するため、対象となる地区の事業体における地下水位の観測を継続的に実施している。

○　地下水の過剰採取による広域的な地盤沈下が生じた濃尾平野、筑後・佐賀平野及び関東平野北部の3地域において、地盤沈下防止等対策要綱に基づき関係地方公共団体と連携して対策を進めるとともに、地下水・地盤沈下データの収集、整理及び分析を行った。

○　地下水マネジメントを進める地域で観測、収集された地下水位、水質、採取量等のデータを、関係者が相互に活用することを可能とする「地下水データベース」の運用を令和5年6月に開始した。

○　地盤沈下の防止を図るため、全国の地盤沈下に関する測量情報を取りまとめた「全国の地盤沈下地域の概況[62]」及び代表的な地下水位の状況や地下水採取規制に関する条例等の各種情報を整理した「全国地盤環境情報ディレクトリ[63]」を公表した。

（雨水(あまみず)・再生水利用）

○　水資源の有効利用及び雨水の集中的な流出の抑制効果を把握するため、令和5年度においても雨水(あまみず)・再生水利用施設実態調査を継続的に実施した。

○　再生水の利用実態等を把握するため、再生水利用施設の利用用途や利用量等の調査を実施した。

（調査結果の公表及び有効活用）

○　国立研究開発法人森林研究・整備機構森林総合研究所では、北海道から九州にかけての12か所の森林理水試験地において観測された降水量、流出量、水質等のデータをデータベースにて公開[64]した。

○　「水質汚濁防止法」に基づき、公共用水域等の水質汚濁の状況を調査した結果を集計・解析し、ウェブサイトに公表した。また、データの一元的管理及び効率的な処理を行うため、システムの保守点検及び改修を行った。【再掲】

62　https://www.env.go.jp/water/jiban/chinka.html
63　https://www.env.go.jp/water/jiban/directory/index.html
64　https://www2.ffpri.go.jp/labs/fwdb/

（2）気候変動による水循環への影響とそれに対する適応に関する調査

○　気候変動による水系や地域ごとの水資源への影響を需要・供給の面から評価する手法について検討した。【再掲】第4章（9）ア　適応策

○　気候変動下の農業用水の需給バランスを評価するモデルを開発し、水稲の高温障害リスクへの適応策の一つである移植日の変更が水需給バランスに及ぼす影響を信濃川流域で評価した。その結果、移植日の変更が水需給バランスを悪化させる可能性があることが判明し、移植日の変更が難しいことを示した。

○　国立研究開発法人森林研究・整備機構森林総合研究所等では、森林の状態や気候変動が積雪融雪特性や水流出特性に及ぼす影響を評価するためのデータ収集を行った。

○　我が国における気候変動対策の効果的な推進に資することを目的に、日本の気候変動に関する観測成果や将来予測を取りまとめた「日本の気候変動2020 —大気と陸・海洋に関する観測・予測評価報告書—（令和2年12月公表）」の後継となる「日本の気候変動2025」の作成に向けて、「気候変動に関する懇談会評価検討部会」を令和5年7月に開催するなど議論を進めた。

○　気候変動の影響評価研究者や地方公共団体、民間企業等の様々なセクターが気候変動対策において、目的に応じて適切なデータを入手し分析できるよう、「気候予測データセット2022」及びその解説書（令和4年12月公表）の提供や周知を継続した。

第8章　科学技術の振興

水循環施策を今後とも適切に進めていくためには、水に関する様々な側面からの科学的な知見を不断に獲得していくことが必要不可欠である。

水循環に関する科学技術の振興を図るため、最新の科学技術や過去の研究事例を踏まえながら、関係する研究機関や学会とも連携しつつ、水循環に関する調査研究を推進するとともに、その成果の普及、研究者の養成を行っていくことが必要である。また、調査によって得られたデータや分析結果、研究成果等については、分かりやすく、かつ利用しやすいよう、オープンデータ化するなどデータ等の有効活用を図ることも重要である。

（流域の水循環に関する調査研究）

○　国立研究開発法人農業・食品産業技術総合研究機構（農村工学研究部門）では、気候変動下でも安定的に農業用水を確保できる計画を検討するために、気候変動のマクロスケールでの影響を全国的に評価するとともに、水利施設（貯水池、取水堰等）を反映した地域的なスケールの両面から評価できる手法を開発した。

○　国立研究開発法人森林研究・整備機構森林総合研究所等では、森林の変化や将来の気候変動等が農地等への水資源供給量に与える影響を定性的・定量的に予測するために、森林流域内での水移動プロセスを再現するモデルの開発を行った。

○　水道料金算定のために、各家庭に設置されている水道メーターを、無線通信等を利用する水道スマートメーターに置き換えることで、検針業務の効率化だけでなく利用者サービスの向上やエネルギー使用の効率化等、多くの効果が期待される。IoTの活用により事業の効率化や付加価値の高い水道サービスの実現を図る等、先端技術を活用して科学技術イノベーションを指向する事業に対し財政支援を行った。

（地下水に関する調査研究）

○　SIPにおいて水循環モデルを用いて研究開発された「災害時地下水利用システム」で得られた知見等を活用し、平常時における地下水の収支や地下水の水量に関する挙動、地下水採取量に対する地盤変動の応答等を把握するための検討を推進した。【再掲】第2章（1）地下水に関する情報の収集、整理、分析、公表及び保存

○　国立研究開発法人森林研究・整備機構森林総合研究所等では、これまで森林理水試験地で観測し、集積してきた流出量等の観測データの解析により、森林植生の変化が渇水時流出量に及ぼす影響の評価研究を行った。

（雨水に関する調査研究）

○　水資源の有効利用を図り、あわせて下水道、河川等への流出の抑制に寄与するため、先進的に雨水利用の推進に取り組んでいる事例等を、令和5年度雨水利用に関する地方公共団体職員向けセミナーにおいて周知した。また、長期間にわたり継続的に雨水の有効利用を試行している事例の視察、関係者との情報交換を実施した。

○ 雨水利用の方法や効果などの事例を幅広く収集し、分析・公表する取組を推進するため、令和5年度においても雨水・再生水利用施設実態調査を継続的に実施し、全国の雨水利用施設の設置状況及び雨水の利用用途等について公表[65]した。

○ 雨水の利用の推進を図り、水質保全、流出抑制、維持管理等の技術や雨水の利用のための施設に係る規格等に関する調査研究を推進するため、墨田区の先進的な取組事例の視察及び意見交換会を実施し、国、地方公共団体、雨水関連団体等の担当者が参加した。

（水の有効活用に関する科学技術）

○ 水道事業者等が有する水道に関する設備・機器に係る情報や事務系システムが取り扱うデータを横断的かつ柔軟に利活用できる仕組みである「水道情報活用システム」について、同システムを導入する水道事業者等に対し生活基盤施設耐震化等交付金による支援を行った。また、同システムの導入を検討している水道事業者等を対象とした説明会の開催等により、水道事業者等による同システムの導入検討を支援した。

○ 検針業務の効率化だけでなく利用者サービスの向上やエネルギー使用の効率化等、多くの効果が期待される水道分野のスマートメーターの導入・普及に向け、モデル事業を通じて、先端技術の導入を支援したほか、産官学が連携して水道スマート化に向け取り組む「A-Smartプロジェクト」（事務局：公益財団法人水道技術研究センター）に参画し、助言等を行った。

○ 国立研究開発法人農業・食品産業技術総合研究機構（農村工学研究部門）では、限られた水資源を有効活用する研究の一環として、農業集落排水施設で処理されたし尿、生活雑排水などの汚水を農業用水として再利用することに関する調査・研究を行った。

○ ほ場での水需要を考慮した、幹線水路から調整池へ用水を効率的に送水する監視制御システム及び送水制御手法を開発した。

○ 省エネで一酸化二窒素発生を抑制する水処理技術の開発のため、下水道革新的技術実証事業において、曝気風量を大幅に削減できる汚泥併用型生物膜処理システムやガス透過膜を用いた膜曝気型バイオフィルム法について、開発を推進した。

○ 雨水の集中的な流出の抑制効果、維持管理、雨水利用施設の規格等に関する調査研究に資するため、令和5年度においても雨水・再生水利用施設実態調査を継続的に実施し、全国の雨水利用施設の設置状況及び雨水の利用用途について公表した。

（水環境に関する科学技術）

○ 国立研究開発法人農業・食品産業技術総合研究機構（農村工学研究部門）では、農業用貯水池における水中の溶存態放射性セシウムの動態が、貯水池の水深、集水域の地質及び水の鉛直混合のタイプの影響を受けることを明らかにした。

○ 国立研究開発法人森林研究・整備機構森林総合研究所等では、気候変動や森林施業が森林の水環境に及ぼす影響を評価するため、森林流域内での水や栄養塩等の流出量分析・影響評価を行った。

○ 処理水質の安定化、維持管理コストの低減のため、下水道革新的技術実証事業において、下水

---

65 https://www.mlit.go.jp/mizukokudo/mizsei/mizukokudo_mizsei_tk1_000055.html

処理場の運用データを基に画像処理や対応判断等を行うAI制御による高度処理技術の実証を行った。

（全球観測を活用した調査研究）

○　令和５年11月にケープタウン（南アフリカ）で開催された地球観測に関する政府間会合（GEO[66]）本会合において、令和８（2026）年以降の取組目標を定めるGEOの新たな戦略（Post-2025 Strategy）を採択した。我が国は、同戦略のテーマとなっている、地球観測データを始めとする多様なデータを統合し水循環等の地球規模課題解決に必要な知見を提供する「地球インテリジェンス」の概念を提案するなど策定に向けた議論を主導した。

○　国立研究開発法人宇宙航空研究開発機構（JAXA）では、陸域観測技術衛星２号「だいち２号」（ALOS-2[67]）（平成26年５月打ち上げ）や水循環変動観測衛星「しずく」（GCOM-W[68]）（平成24年５月打ち上げ）（**写真29**）、全球降水観測計画主衛星（GPM主衛星[69]）（平成26年２月打ち上げ）、気候変動観測衛星「しきさい」（GCOM-C[70]）（平成29年12月打ち上げ）（**写真30**）などの人工衛星を活用した地球観測の推進や、GPM主衛星を中心に複数衛星のデータを活用した衛星全球降水マップ（GSMaP[71]）による世界150の国と地域のユーザに対する全球降水情報の提供に取り組んだ。

○　GSMaPの更なる高度化等のため、JAXAではGPM主衛星に続く、降水レーダ衛星（PMM[72]）の開発に着手した。今後打ち上げ予定の先進レーダ衛星（ALOS-4）、高性能マイクロ波放射計３（AMSR3[73]）を搭載する温室効果ガス・水循環観測技術衛星（GOSAT-GW[74]）などの開発も含め、人工衛星を活用した地球観測を推進した。

写真29　水循環変動観測衛星「しずく」	写真30　気候変動観測衛星「しきさい」

資料）国立研究開発法人宇宙航空研究開発機構

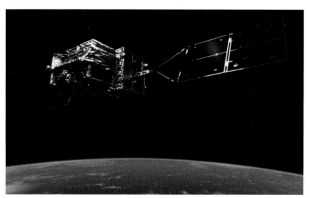

資料）国立研究開発法人宇宙航空研究開発機構

66　GEO：Group on Earth Observations
67　ALOS-2：Advanced Land Observing Satellite-2
68　GCOM-W：Global Change Observation Mission-Water
69　GPM 主衛星：Global Precipitation Measurement Core Observatory Satellite
70　GCOM-C：Global Change Observation Mission-Climate
71　GSMaP：Global Satellite Mapping of Precipitation
72　PMM：Precipitation Measuring Mission
73　AMSR3：Advanced Microwave Scanning Radiometer 3
74　GOSAT-GW：Global Observing SATellite for Greenhouse gases and Water cycle

（気候変動の水循環への影響に関する調査研究）

○　国立研究開発法人土木研究所では、令和４年度からの「国立研究開発法人土木研究所の中長期目標を達成するための計画」に基づく研究の２年目として、気候変動に伴う、流量変化等が河川水質に及ぼす影響、湖沼・ダム貯水池水質への富栄養化等の影響、沿岸域の貧栄養化に対する下水処理水の栄養塩供給の効果等の予測技術の開発を着実に継続した。

○　「地球環境データ統合・解析プラットフォーム事業」において、地球環境ビッグデータ（観測データ、予測データ等）を蓄積・統合・解析・提供する情報システムである「データ統合・解析システム」（DIAS[75]）の長期・安定的運用を通じて、気候変動、防災等の地球規模課題の解決に資する研究開発に取り組んでいる。令和５年度においては、これらの取組を推進するとともに、水循環に関する共同研究を開始した。

○　「気候変動予測先端研究プログラム」において、気候モデルの開発等を通じ、気候変動に伴う水循環メカニズムへの影響の解明や、全ての気候変動対策の基盤となる気候予測データの創出等に取り組んだ。また、令和５年12月に、日本全国を対象にした５kmメッシュのアンサンブル気候予測データを公開[76]した。

（調査研究成果の有効活用）

○　国立研究開発法人森林研究・整備機構森林総合研究所では、降水量、流出量、水質等のデータをデータベース[77]にて公開し、教育機関や民間団体と共有した。

○　SIPにおいて水循環モデルを用いて研究開発された「災害時地下水利用システム」で得られた知見等を活用し、平常時における地下水の収支や地下水の水量に関する挙動、地下水採取量に対する地盤変動の応答等を把握するための検討を推進した。【再掲】第２章（１）地下水に関する情報の収集、整理、分析、公表及び保存

○　雨水利用の方法や効果などの事例を幅広く収集し、分析・公表する取組を推進するため、令和５年度においても雨水・再生水利用施設実態調査を継続的に実施し、全国の雨水利用施設の設置状況及び雨水の利用用途について公表した。【再掲】

○　新技術の活用のため、新技術に関わる情報の共有及び提供を目的として新技術情報提供システム[78]（NETIS[79]）等を運営している。近年では、施工期間の削減が期待される建設用の３Ｄプリンタ等を活用した施工技術等の情報も提供している。今後は、これら新技術を活用した水インフラの維持管理や災害復旧等も期待される。

75　DIAS：Data Integration and Analysis System
76　https://diasjp.net/infomation/20231205/
77　https://www2.ffpri.go.jp/labs/fwdb/
78　https://www.netis.mlit.go.jp/netis/
79　NETIS：New Technology Information System

第9章　国際的な連携の確保及び国際協力の推進

　世界に目を向けると渇水、洪水、水環境の悪化に加え、これらに伴う食料不足、貧困の悪循環、病気の発生等が問題となっている地域が存在し、更に人口増加などの要因がそれらの問題を深刻にさせている。このような世界の水問題は引き続き取り組むべき重要な課題であり、令和5年3月に国連において46年ぶりに水問題を中心に議論する「国連水会議2023」が開催されるなど、本分野での国際連携・国際協力の重要性が高まっている。

　世界の水問題の具体的な例として、記録的な豪雨により多くの死者等の人的被害が発生する災害や、サプライチェーンへの影響により世界経済にまで影響を及ぼす災害の発生などが挙げられる（**図表35**）。

| 図表35 | 世界各地でも水関連災害が発生 |

資料）国土交通省

　また、先般の世界的な新型コロナウイルス感染症の感染拡大への対応を機に、上下水道を含む公衆衛生分野への関心が高まっているが、世界的には、安全な飲料水や基礎的なトイレなどの衛生施設へのアクセスがいまだ不十分な地域も数多く存在している。豊かな暮らしを営む上で、水と衛生は極めて重要である。令和5年7月にWHOと国連児童基金（UNICEF）が発表したWASH（水と衛生）に関する報告書によれば、平成12年から令和4年の間に約21億人が安全に管理された飲料水を利用できるようになり、少なくとも基本的な飲料水サービスを受けられない人の数は約12億人から約7億人に減少した。令和4年には、世界人口の57％（約45億人）が安全に管理された衛生サービスを利用した。

　さらに、食料不足や農村の貧困問題に対しては、効率的かつ持続的に農業用水を利用する必要があ

るが、多くの新興国の農村コミュニティにおける水管理は、組織・技術の両面で不十分な状況にある。

一方、経済協力開発機構（OECD）の報告「OECD Environmental Outlook to 2050」によれば、世界の水需要は、製造業、火力発電、生活用水などに起因する需要増により、令和32（2050）年は令和2（2020）年と比較して55％程度の増加が見込まれている。

このような世界の水問題の解決に向け、国連において国際目標が定められ、この目標の達成に向けて様々な国際的な議論や取組が行われている。

平成27年9月にニューヨークの国連本部で開催された首脳会合において、「持続可能な開発のための2030アジェンダ」が全会一致で採択され、持続可能な開発目標（SDGs）が定められた。SDGsは、令和12（2030）年までを期限とし、17の目標と169のターゲットにより構成された、開発途上国及び先進国を含む全ての国が取り組むべき普遍的な国際目標である。

SDGsでは目標6（水・衛生）として「すべての人々の水と衛生の利用可能性と持続可能な管理を確保する」ことが掲げられるとともに、その下に、より具体的な8つのターゲットが定められた。また、SDGsには目標1（貧困）ターゲット1.5[80]や目標11（都市）ターゲット11.5[81]、目標13（気候変動）ターゲット13.1[82]などの災害へのターゲットが盛り込まれたほか、水分野は目標2（飢餓）や目標3（保健）を始めとした、全ての目標に関連した分野横断的な目標となっている。

以上のような状況の中で、世界における水の安定供給、適正な排水処理等を通じた水の安全保障の強化を図るためには、我が国の水循環に関する分野の国際活動を更に強化し、国際機関及びNGO等と連携しつつ、途上国の自助努力を一層効果的に支援する等、世界的な取組に貢献していくことが重要である。

その際、我が国の優れた水関連制度、技術やそれらのシステムなどの海外展開を行うことは、世界の水問題解決だけでなく、我が国の経済の活性化にも資するものであり、更に推進する必要がある。

（1）国際連携

国際的な水問題の解決に向けて我が国は、国連機関・国際機関と連携・協働を図りながら取組を進めてきている。特に国連「世界水の日」（3月22日）や、世界水フォーラム（WWF[83]）、アジア・太平洋水サミット（APWS[84]）、世界かんがいフォーラム（WIF[85]）などの国際会議で、水循環に関わる統合水資源管理、生態系、効率的な水利用、水処理技術、環境保全などの技術や取組の向上に関する情報共有・発信を行ってきている。

令和5年3月に国連本部で開催された「国連水会議2023」において、水循環に関する我が国の取組等を国際社会へ発信している。

---

80 令和12（2030）年までに、貧困層や脆弱な状況にある人々の強靱性（レジリエンス）を構築し、気候変動に関連する極端な気象現象やその他の経済、社会、環境的ショックや災害に対する暴露や脆弱性を軽減する。
81 令和12（2030）年までに、貧困層及び脆弱な立場にある人々の保護に焦点を当てながら、水関連災害などの災害による死者や被災者数を大幅に削減し、世界の国際総生産比で直接的な経済損失を大幅に減らす。
82 全ての国々において、気候変動関連災害や自然災害に対する強靱性（レジリエンス）及び適応力を強化する。
83 WWF：World Water Forum
84 APWS：Asia Pacific Water Summit
85 WIF：World Irrigation Forum

（水循環に関する国際連携の推進）

○　水・衛生分野の主要な援助国として、我が国の経験、知見及び技術を活用して、「質の高い」支援を追求しており、SDGsにおける目標6（水・衛生）、目標11（都市）及び目標3（保健）を中心とした水分野の目標の達成に向け、国連機関、国際機関、その他の支援機関、NGO等と連携しつつ、水循環に関する国際連携を推進した。

○　アジア河川流域機関ネットワーク（NARBO[86]）は、統合水資源管理の促進のため、我が国を含むアジア各国の河川流域機関、政府組織、国際機関等から構成されるメンバー間で能力開発と情報交換を行っている。

○　令和5年は、令和6年5月にインドネシアで開催が予定されている第10回世界水フォーラムへの参画に向け、令和5年10月にインドネシアで開催された第2回準備会合に出席し、セッション開催等に係る調整を行った。また、令和6年5月のNARBO総会開催に向けた準備として、令和5年3月と10月にNARBO加盟機関の参加を得て水災害に関するオンラインセミナーを開催した。活動や発信内容についてはウェブサイトを通じて加盟機関に共有された。

○　第4回アジア・太平洋水サミットにおいて発表された「熊本水イニシアティブ」に基づき、ダム、農業用用排水施設、水道、衛生施設の整備等を支援する取組や衛星データ供与、人材育成等を関係省庁が連携しながら実施するなど、気候変動適応策・緩和策両面での取組、基礎的生活環境の改善に向けた取組等を推進した。

○　令和6年1月に神奈川県三浦郡葉山町において第19回アジア水環境パートナーシップ（WEPA）年次会合・ワークショップを開催し、参加国における水環境管理に関する情報の共有を行うとともに、規制の遵守をテーマに情報共有や意見交換を実施した。

○　令和5年8月にエジプトで開催された国際水田・水環境ネットワーク（INWEPF[87]）への参加及び令和5年11月にインドで開催された国際かんがい排水委員会（ICID[88]）への参加を通じ、かんがい排水分野における我が国の技術及び研究成果について情報発信を行った。ICIDでは、我が国の4施設が世界かんがい施設遺産に新たに登録され、累計登録数は51施設（全世界合計161施設）となった（**写真31**）。

写真31　**世界かんがい施設遺産登録施設（令和5年度登録）**

山形五堰
（山形県）

北山用水
（静岡県）

本宿用水
（静岡県）

建部井堰
（岡山県）

資料）農林水産省

86　NARBO：Network of Asian River Basin Organization
87　INWEPF：International Network for Water Ecosystem in Paddy Field
88　ICID：International Commission on Irrigation and Drainage

○ WHO、国際水協会（IWA）及び国立保健医療科学院のメンバーで構成され、開発途上国の水道及び衛生サービスの運用・維持改善への貢献を目的に情報発信を行うワーキンググループ「水供給に関する運用と管理ネットワーク（OMN）」に対し、平成10年度から活動資金を拠出しており、令和5年度は、OMNが水道施設維持管理促進プロジェクト、飲料水水質ガイドラインに関連する報告書の作成及び小規模飲料水供給ガイドライン改正に関する活動に寄与した。

○ 令和5年10月に米国水環境連盟（WEF）が開催したWEFTEC2023の公益社団法人日本下水道協会が主催するワークショップにおいて、地方公共団体職員3名の耐スリップマンホール蓋の開発、透析排水による管路損傷の防止、内水ハザードマップ更新の取組の発信を支援した。

○ 世界の湖沼環境の健全な管理とこれと調和した持続的開発の取組を推進するため、国際湖沼環境委員会（ILEC[89]）とハンガリーのバラトン湖開発局が主催する第19回世界湖沼会議（令和5年11月7日～9日、ハンガリー）において、我が国の湖沼水環境政策についての情報発信を行った。

（国際目標等の設定・達成への貢献）

○ 国際連合大学と協力し、WEPAパートナー国等との連携の下で、水環境に影響を及ぼす諸条件を統合した「持続可能な水管理指標」を開発し、また指標から得られる示唆に基づいて、アジア各国の社会・経済・環境に適切な汚水処理システム等について検討した。

○ 仙台防災枠組中間レビュー・ハイレベル会合（令和5年5月ニューヨークにて開催）に参加し、日本国内での災害リスク軽減、防災分野の途上国支援強化、国際連携の更なる推進を表明した。また、「水と災害に関するハイレベルパネル（HELP）」の第21回会合（令和5年6月スペインにて開催）・第22回会合（令和5年11月フィリピンにて開催）に参加し、国連水会議2023（令和5年3月ニューヨークにて開催）における議論を踏まえ、今後も世界の水問題解決に貢献していくことを提案した。また、カイロ水週間2023（令和5年10月から11月にかけてエジプトにて開催）に上川陽子外務大臣がビデオ・メッセージを送る形で参加し、国連水会議2023で示された議論を踏まえた「熊本水イニシアティブ」等を通じた日本の行動について述べた。

○ SDGグローバル指標6.5.1統合水資源管理（IWRM）の実施の度合いについて、国連環境計画（UNEP）内で示された評価方法に基づき、我が国の評価を行った。

(2) 国際協力

我が国の「開発協力大綱（令和5年6月9日閣議決定）」を踏まえつつ、国際連合、国際援助機関、各国等と協力し、我が国の技術・人材・規格等を活用した国際協力に取り組んできている。特にWEPA、世界銀行（WB）、アジア開発銀行（ADB）、東アジア・ASEAN経済研究センター（ERIA）等と協力して各国の水資源開発・管理のガバナンス・技術・能力向上に貢献してきている。

---

89 ILEC：International Lake Environment Committee

（我が国の開発協力の活用）

○　「開発協力大綱」を踏まえ、我が国の優れた技術を活用し、健全な水循環の推進を目指し、開発途上国の都市部と村落部においてそれぞれのニーズに合った形で、インフラ整備やインフラ維持管理能力の向上等、ハード・ソフト両面での支援を実施した。

（我が国の技術・人材・規格等の活用）

○　独立行政法人国際協力機構（JICA）は、資金協力による給水施設整備を実施するとともに、アクセス、給水時間、水質等の改善や水道事業体の経営改善に係る支援として、ラオス、パキスタン、ルワンダ等において、25件以上の技術協力を実施した。

○　JICAは、地域の水をめぐる課題を解決するため、我が国の技術やノウハウをいかして、スーダン、ボリビア等において、統合水資源管理の推進に係る５件の技術協力を実施した。

○　JICAは、下水道及び水質管理分野では10件の技術協力を実施中であり、うち４件は新規立ち上げ案件（フィリピン、ベトナム及びカンボジア）である。くわえて、11件の有償資金協力と２件の無償資金協力を実施中である。

○　JICAは、ネパールやフィジーにおいて、下水道のみならず分散型汚水処理も含めた包括的な汚水管理計画策定に係る技術協力を実施中である。

○　令和４年から開始したユネスコ政府間水文学計画[90]（IHP）第９期戦略計画（IHP-IX：令和４（2022）年〜令和11（2029）年）の運営実施のために設置されたテーマ別作業部会に、日本ユネスコ国内委員会IHP分科会委員を中心に多くの日本人専門家が参加しており、そのうちの一つで日本人専門家が議長を務めるなど、IHPの国際的な議論において人的・知的貢献を果たしている。

○　「ユネスコ地球規模の課題の解決のための科学事業信託基金拠出金」により、IHPが実施する国際会議や防災に関する共同調査研究の支援を通じて、アジア太平洋地域における能力開発・人材育成及び地域ネットワーク形成を図った。

○　WEPA参加国の要請に基づく水環境改善プログラムとして、ラオスにおける生活排水対策の促進等についての支援を行った。

○　SDGsターゲット6.3の達成に貢献することを目的として国土交通省及び環境省が設立したアジア汚水管理パートナーシップ（AWaP）の協力枠組みを通じて、アジアにおける汚水管理の意識向上を図るとともに、各国の汚水管理の状況や課題を共有してきた。令和５年８月に開催した第３回AWaP総会では、日本を含むカンボジア、インドネシア、フィリピン及びベトナムの５か国が参加し、平成30（2018）年から令和４（2022）年までの各国の取組について報告があり、参加国間で共有された。また、令和５（2023）年以降のワークプランが取りまとめられた。

○　アジア地域等の発展途上国における公衆衛生の向上、水環境の保全を目的として、「アジアにおける分散型汚水処理に関するワークショップ」を開催した。テーマとして分散型汚水処理の大きな課題の１つである処理水の活用にフォーカスし、日本及び海外における浄化槽の処理水の活用事例、浄化槽の良好な処理水質を維持するための日本の法制度や分散型汚水管理に係る海外の地方公共団体における条例案について発表し議論を重ねることで今後の方向性や解決に向けての

90　ユネスコ政府間水文学計画（Intergovernmental Hydrological Programme）は、令和元年11月の第40回ユネスコ総会において、国際水文学計画（International Hydrological Programme）から改称。

改善策に関して共通認識を得た。これにより、浄化槽を始めとした分散型汚水処理に関する情報発信と各国分散型汚水処理関係者との連携強化を図った。

また、令和5年11月、インドネシア共和国環境林業省との共催で「インドネシア水環境改善セミナー」を開催した。日本における浄化槽の法体制や維持管理について知見を提供し、インドネシアでの分散型汚水管理に関する今後の課題や取組について議論を重ねることで、日本の浄化槽の海外展開の促進を図った。

○ アジア・アフリカの開発途上国において、効率的な水利用及び農作物の安定供給のための水管理システム構築に向け、遠隔監視機器を活用した用水管理の高度化等に関する課題把握と実証調査を行った。また、アジアモンスーン地域において、農業水利施設の整備や高度な運用による気候変動適応策と緩和策の両立について、検討を行った（**写真32**）。

写真32 我が国の技術を活用した農業用水の効率利用に係る取組

水路の流量を遠隔監視し用水管理を効率化

水田での雨量を遠隔監視し配水量を適正化

水路の流量等をスマートフォンで遠隔監視

資料）農林水産省

○ 開発途上国における森林の減少及び劣化の抑制並びに持続可能な森林経営を推進するため、民間企業等の森林づくり活動による貢献度を可視化する手法の検討及び民間企業等の知見・技術を活用した開発途上国の森林保全・資源利活用の促進を行った。また、民間企業等の海外展開の推進に向け、途上国の防災・減災に資する我が国の森林技術を現地で適用する手法を開発するとともに、我が国の森林技術者の育成を実施した。

○ 国立研究開発法人土木研究所水災害・リスクマネジメント国際センター（ICHARM）では、水エネルギー収支型降雨流出氾濫解析モデル（WEB-RRI）や降雨土砂流出モデルなどのモデル開発、仮想洪水体験システムや知の統合オンラインシステム（OSS-SR）の活用等によるリスクマネジメントに関する研究を行うほか、途上国行政官の能力育成プログラムの実施、国連教育科

学文化機関（UNESCO）や世界銀行のプロジェクトへの参画、国際洪水イニシアティブ（IFI）事務局、台風委員会水文部会などの活動等を通じ、水災害に脆弱な国・地域を対象にした技術協力・国際支援を実施している。令和5年度は、SIPの「スマート防災ネットワークの構築」に参画し、水災害のリスクや被害・影響の可視化技術の開発に着手するとともに、フィリピンなどにおいて洪水対策関係政府機関等が参画するIFIプラットフォームの構築を推進した。

（3）水ビジネスの海外展開

　今後、アジア地域の新興国を中心としてインフラ整備の膨大な需要が見込まれている中、政府が推進しているインフラシステムの海外展開は、我が国経済の成長戦略にとどまらず、相手国の持続可能な発展にも貢献するなど、我が国と相手国の相互に大きな効果が期待できる。

　世界のインフラ整備の需要を取り込むことは、我が国の経済成長にとって大きな意義を有している。政府においては我が国の企業によるインフラシステムの海外展開を支援するとともに、戦略的かつ効率的な実施を図るため、平成25年3月に「経協インフラ戦略会議」を開催し、関係閣僚が政府として取り組むべき政策を議論した上で、「インフラシステム輸出戦略」を同年5月に取りまとめた。その後、令和2年12月の経協インフラ戦略会議において、令和3年以降のインフラ海外展開の方向性を示すため、今後5年間を見据え新たな目標を掲げた「インフラシステム海外展開戦略2025」を策定（令和5年6月追補）した。

　本戦略では、「カーボンニュートラル、デジタル変革への対応等を通じた、産業競争力の向上による経済成長の実現」、「展開国の社会課題解決・SDGsへの貢献」及び「質の高いインフラの海外展開の推進を通じた、「自由で開かれたインド太平洋」の実現等の外交課題への対応」の3本柱を目的に、令和7（2025）年における我が国の企業のインフラシステム受注額の目標（KPI）を34兆円とし、更なる海外展開の推進に取り組むこととしている。

　世界のインフラ需要について分野別に見ると、水に関わる分野が最も多く34％を占めており、今後も、人口増加や都市化の進展、先般の世界的な新型コロナウイルス感染症の感染拡大への対応による公衆衛生分野のニーズの高まりなど、更なる市場の拡大が見込まれている。

　他方で、水インフラの開発や整備は相手国政府の影響力が強く、交渉に当たっては我が国側も公的な信用力等を求められるなど、特に案件形成の川上段階において、民間事業者のみでの対応は困難である。このような課題に対応するため、平成30年8月31日、「海外社会資本事業への我が国事業者の参入の促進に関する法律（平成30年法律第40号）（海外インフラ展開法）」が施行された。「海外インフラ展開法」においては、国土交通分野の海外のインフラ事業について我が国事業者の参入を促進するため、国が所管する独立行政法人等に公的機関としての中立性や交渉力、さらに国内業務を通じて蓄積してきた技術やノウハウをいかした海外業務を行わせるとともに、官民一体となったインフラシステムの海外展開を強力に推進する体制を構築することとされている。

（水ビジネスの海外展開支援）

○ 我が国の水道産業の海外展開を支援するため、アジア諸国を対象として、平成20年度から水道産業の国際展開推進事業を実施しており、令和5年度は、フィリピン及び太平洋島嶼国を対象国とし、我が国の民間企業等が参加する技術セミナーを実施した。

○ 令和5年11月にバンドン工科大学において、推進工法に関するセミナーを産学官で一体となって開催し、インドネシアに対して、我が国の下水道技術に対する理解醸成を図った。

○ 令和5年8月に第3回AWaP総会に合わせて技術セミナーを開催し、カンボジア、インドネシア、フィリピン及びベトナムの政府高官に本邦技術を紹介した。また、各国の政府高官と本邦民間企業等との協議を通して本邦技術の理解醸成を図った。

○ 水資源分野の海外展開を促進するため、アジア地域を対象にダム再生事業の案件発掘・形成調査や相手国との協議を官民連携により実施した。

○ 我が国の水道技術・製品・サービスにより、他国の水供給に係る課題が解決されるように、民間の力も借りて、水供給改善計画を提案し、ひいては大規模課題解決のためにODA要請書の作成を指導した。

○ 下水道分野において、ベトナム、インドネシア等を対象に、JICA個別専門家の派遣により、組織体制や法制度の整備を支援した。また、下水道の適切な運営管理等のため、JICA草の根技術協力事業により、我が国の地方公共団体が途上国に対して運営管理等の人材育成を行った。

○ 令和5年8月に第5回アジア地域上水道事業幹部フォーラムを横浜市で開催し、10か国から来日した28の水道事業体の幹部を始め、約500名の参加があった。横浜市水道局、横浜水ビジネス協議会及びJICAの協働により、日本企業からのプレゼンテーションやパネル展示、企業視察などを組み込んだプログラムとし、5つの地方公共団体からも発表を行うなど、我が国の優れた技術やノウハウを紹介する機会として活用した。

○ 個別の水道プロジェクトの案件形成を支援するため、平成23年度から、我が国の民間企業と水道事業者等が共同で実施する案件発掘・形成調査を実施しており、令和5年度は、フィリピンを対象国として調査を実施した。

○ 我が国の企業の海外展開のため、国立研究開発法人新エネルギー・産業技術総合開発機構（NEDO）のエネルギー消費の効率化等に資する我が国技術の国際実証事業により、日本の技術の商用化を支援している。令和5年度はサウジアラビア（2件）で実施した。

○ 我が国の企業の海外展開を促進するため、海外におけるインフラ事業の基本計画の立案や採算性の確認等を行う案件発掘調査を実施しており、令和5年度は、下水道分野の案件発掘調査をベトナム、カンボジア等で実施した。

○ 我が国の企業が環境技術をいかして海外水ビジネス市場へ参入することを支援するため、アジア水環境改善モデル事業において、令和4年度からの継続案件（ラオス、ベトナム）の現地実証試験等を実施したほか、新たに公募で選定された新規案件（ベトナム1件）の事業実施可能性調査を実施した。

○ 我が国の優位技術の国際競争力の向上等を図るため、我が国の水分野に係る技術が適正に評価されるような国際標準の策定を推進した。具体的には、国際標準化機構（ISO）専門委員会（TC282（水の再利用））において、再生水処理技術の性能評価として、「信頼性評価」及び「再

利用膜グレード分類」に関する規格の開発を行った。

　また、令和5年に我が国も推進してきたISO/TR22707（リン等の回収技術に関するガイドライン）が新たに発行され、資源回収に関する規格が充実した。

○　二国間協力関係を強化するとともに、相手国の防災に関する課題（ニーズ）と我が国の防災の技術（シーズ）のマッチング等を行う国際ワークショップ（防災協働対話等）をベトナム、フィリピン、南アフリカ及びインドネシアと実施した。各国との意見交換を通じて、相手国の防災課題を把握するとともに、「熊本水イニシアティブ」を踏まえたダム再生等の気候変動適応策・緩和策を両立するハイブリッド技術等を活用した防災インフラの海外展開を推進するため、日本の取組について説明した。

第10章　水循環に関わる人材の育成

　健全な水循環を維持又は回復するための施策を推進していく上で、全ての基礎となるのが人材育成である。例えば、我が国の水管理・供給・処理サービスには、ダムの統合管理、世界でもトップクラスの低い漏水率を誇る水道管の漏水対策技術、膜処理技術を用いた海水淡水化技術など、最新の高度な技術だけでなく、農業用水や生活用水を適切に管理するため、長年にわたる運用の中で営々と蓄積されてきた技術にも特筆すべきものがあり、それらは今後も更に実務上の経験を積み重ねた上で次世代へ継承することによって初めて維持されるものである。

　しかしながら、今後、人口規模などの社会構造が変化する中、健全な水循環を維持又は回復するための施策を推進していく上で必要となる水インフラの運営、維持管理・更新、調査・研究、技術開発など各分野の人材が不足し、それに伴い、適切な管理水準を確保できなくなることが懸念される。

　平成7（1995）年から令和3（2021）年の約25年間で水道関係職員数（上水道事業及び簡易水道事業における職員数の合計）は約32％が減少、下水道関係職員数も約42％減少しており、施設の維持管理を担当する技術職員がいない又は不足している地方公共団体等も既に現れている。例えば、給水人口5,000人未満の水道事業体では、給水人口1,000人当たり平均1.01人で水道事業を運営するという厳しい現実に直面している。また、高い技術力を持った経験豊かな技術職員の退職等に伴い、技術の継承が不十分な状況にあることが懸念される（**図表36、37**）。

　このため、水インフラの運営や維持管理・更新に関する知見を集約するとともに、水循環に係る技術力を適正に評価するための資格制度の充実や技術力の向上等を図るための研修等を行うことが必要である。

　また、技術の高度化・統合化に伴い、水インフラの維持管理・更新などの水循環に関する施策に従事する者に求められる資質・能力もますます高度化・多様化していることから、科学技術の研究者やその技術・情報を使いこなす実務者の育成が重要である。

　人材育成は水循環に関する各分野共通の課題であるため、分野横断的に産学官民・国内外の垣根を越えた人材の循環や交流を促進し、より広範な視点での人材の育成を積極的に推進する必要がある。

| 図表36 | 水道・下水道事業に従事する職員数の推移 |

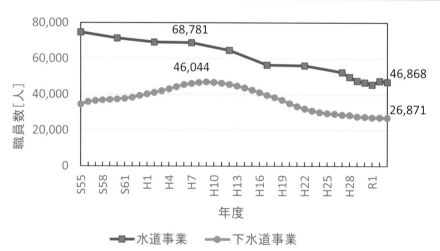

資料）公益社団法人日本水道協会「水道統計」と総務省「地方公共団体定員管理調査結果」を基に内閣官房水循環政策本部事務局作成

図表37	水道事業体の給水人口規模別の平均職員数（令和3年度）

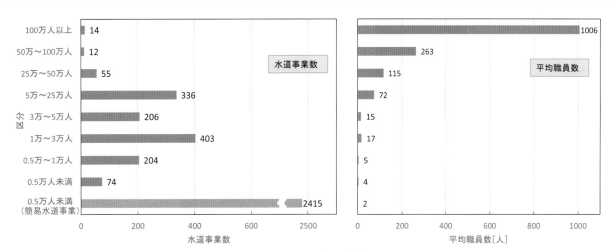

資料）公益社団法人日本水道協会「水道統計」を基に内閣官房水循環政策本部事務局作成

（1）産学官民が連携した人材育成と国際人的交流

（産学官民が連携した人材育成）

○ 水循環に関する研修、研究会、シンポジウム等の開催やアドバイザーの派遣により、水循環に関係する人材の育成・確保を推進した。

○ 農業従事者参加により農業用水管理を実施している我が国の土地改良区の活動に着目し、開発途上国における効率的かつ持続的な水利用を図るため、政府開発援助を通じた農業従事者参加型水管理に係る研修を支援し、技術協力による人材の育成・確保を推進した。

○ 民間企業等の海外展開の推進に向け、途上国の防災・減災に資する我が国の森林技術を現地で適用する手法を開発するとともに、我が国の森林技術者の育成を実施した。

○ 気象庁退職者に気象防災アドバイザーを委嘱するとともに、気象予報士に対して研修を実施し、地方公共団体で即戦力となる気象防災アドバイザーを全国各地に育成し、地域偏在の解消を進めた。また、地方公共団体トップに直接働き掛けること等により地方公共団体への周知・普及に一層取り組むとともに、多様な研修や訓練を通じ、防災業務に精通した地方公共団体職員の育成を後押しした。

○ 第4回アジア・太平洋水サミットの開催を契機とした人材育成・啓発プログラム「ユース水フォーラム」の一環として、令和5年2月に日本水フォーラムが主催し政府が後援したシンポジウム「水未来会議2023世代を超えて考える水問題の未来」がユース参加の下で開催され、世代間の連携による水問題の解決に向けた「水未来会議からのメッセージ」が取りまとめられた。また、令和5年11月にも日本水フォーラムが主催した国際交流イベント「ユース水フォーラムアジア」が開催され、日本・アジアの高校生が世界の水問題解決のため、互いにできること等を専門家を交え対話した。

○ オンラインも活用しながら水道の基盤強化に関する会議等を開催し、地域の水道行政担当者や

水道事業者等と情報・課題の共有を図ることで、水道の基盤強化に向けて技術力の向上を推進した。

○ 水道事業者等が有する水道に関する設備・機器に係る情報や事務系システムが取り扱うデータを横断的かつ柔軟に利活用できる仕組みである「水道情報活用システム」について、同システムを導入する水道事業者等に対し生活基盤施設耐震化等交付金による支援を行った。また、同システムの導入を検討している水道事業者等を対象とした説明会の開催等により、水道事業者等による同システムの導入検討を支援した。【再掲】第8章（水の有効活用に関する科学技術）

○ 工業用水道事業に関わる地方公共団体等の職員に対し、工業用水道事業に対する基本的な考え方や政策の方向性、災害発生時の緊急時の対応等を含めた工業用水道事業全体を効率的に理解し、業務処理能力を向上させることを目的とした研修を実施した。

○ 「環境教育等による環境保全の取組の促進に関する法律」に基づく人材育成事業・人材認定事業に登録された資格（森林における体験活動の指導等を行う森林インストラクターなど）について、林野庁ウェブサイト等を通じて、制度の周知を図った。【再掲】第6章（人材育成及び団体支援制度の活用）

○ 河川環境について専門的知識を有し、豊かな川づくりに熱意を持った人を河川環境保全モニターとして委嘱し、河川環境の保全・創出、秩序ある利用のための業務や普及啓発活動をきめ細かく行った。また、河川に接する機会が多く、河川愛護に関心を有する人を河川愛護モニターとして委嘱し、河川へのごみの不法投棄や河川施設の異常の発見等、河川管理に関する情報の収集や河川愛護思想の普及啓発に努めた。平成25年6月の「河川法」の改正により、河川環境の整備や保全などの河川管理に資する活動を自発的に行っている民間団体等を河川協力団体として指定し、河川管理者と連携して活動する団体として位置付け、団体としての自発的活動を促進し、地域の実情に応じた多岐にわたる河川管理を推進した。【再掲】第4章（6）（活動支援）

（国際人的交流）

○ 我が国の水道技術・製品・サービスにより他国の水供給に係る課題が解決されるようにJICA事業を通じて、専門家を短期又は長期で派遣した。

○ かんがい排水分野では、ICIDやINWEPFでの活動を通じて、メンバー国との協力関係を強化し、国際連携を推進した。また、ベトナム、カンボジア、ラオス及びエチオピアにJICA専門家を派遣しているほか、国連食糧農業機関（FAO）、メコン河委員会（MRC）、ADB及びOECDにも職員を派遣し、国際的に活躍できる人材の育成を行った。

○ 令和5年7月に米国で開催された「接続可能な開発に関するハイレベル政治フォーラム」に参加し、国連水会議の共同議長の実績をいかし日本・エジプトで水防災等分野のフォローアップを主導すること等を表明した。

○ 令和5年8月にスウェーデンで開催された「ストックホルム世界水週間」に参加し、世界銀行、世界水パートナーシップ（GWP）、国連人間居住計画（UN-Habitat）など様々な国際機関と人的交流を行うとともに、UNESCOが主催したセッションにおいて、健全な水循環や高度な再生水利用等に関する日本の取組について発信した。

○ 令和5年10月にベトナムで開催された「日ASEAN官民防災セミナー」に参加し、発展的に

防災協働対話を継続していく旨を提案した。

○　カイロ水週間2023（令和5年11月エジプト）に参加し、令和5年7月の「接続可能な開発に関するハイレベル政治フォーラム」で表明した水防災等分野のフォローアップ等を実施した。

○　令和5年8月に米国陸軍工兵隊と「第16回日米治水及び水資源管理会議」をアメリカで開催し、環境保全事業、水害リスクコミュニケーションをテーマに議論した。

○　令和5年11月に南アフリカで開催された「GEO Week 2023」に参加し、「熊本水イニシアティブ」等を通じた洪水リスクマップの作成等について発信した。

○　令和5年11月～12月にアラブ首長国連邦で開催された「国連気候変動枠組条約第28回締約国会議」に参加し、気候変動下の水防災投資の重要性を発信した。

○　下水道分野において、ベトナム、インドネシア等を対象に、JICA個別専門家の派遣により、組織体制や法制度の整備を支援した。また、下水道の適切な運営管理等のため、JICA草の根技術協力事業により、我が国の地方公共団体が途上国に対して運営管理等の人材育成を行った。

【再掲】第9章（3）（水ビジネスの海外展開支援）

○　GWPのテクニカル・コミッティに平成30（2018）年からJICAが参加しており、令和5（2023）年度も引き続き同コミッティの会合に参加し、水分野のイノベーションを慫慂する表彰制度の審査に関与するなど、統合水資源管理分野における交流を行った。

表紙の写真

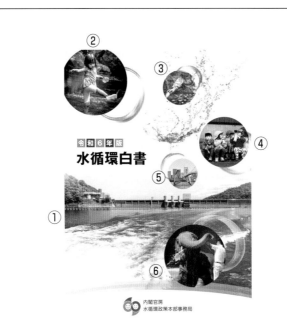

「第38回 水とのふれあいフォトコンテスト」

①独立行政法人水資源機構理事長賞 「宮ケ瀬ダムの堤体に大接近」 高津 弘人

②特選 「戯れ」 米田 沙央里

③審査員特別賞 「赤カブ洗い」 中村 邦夫

④水の週間実行委員会会長賞 「給水タイム」 斎藤 雄宰睦

⑤東京都知事賞 「早春の台場」 雪本 信彰

⑥国土交通大臣賞 「暑い日」 中村 昭夫

令和6年版　水循環白書

令和6年7月30日　発行　　　　　　定価は表紙に表示してあります。

編　　集　　内閣官房 水循環政策本部事務局
〒100-8918
東京都千代田区霞が関2－1－3
TEL 03（5253）8389

発　　行　　日 経 印 刷 株 式 会 社
〒102-0072
東京都千代田区飯田橋2－15－5
TEL 03（6758）1011

発　　売　　全 国 官 報 販 売 協 同 組 合
〒100-0013
東京都千代田区霞が関1－4－1
TEL 03（5512）7400

落丁・乱丁本はお取り替えします。

ISBN978-4-86579-425-0